# JA改革への現実的対応

加島 徹 著

全国共同出版

# はじめに

　平成26年6月開催の政府「農林水産業・地域の活力創造本部」にて、「農林水産業・地域の活力創造プラン」が改訂され、全中の社団法人化をはじめJAの信用事業譲渡や公認会計士監査の義務づけが明記された。これが政治上のJA改革の出発点ということになる。

　JA改革の骨子は「活力創造プラン」に沿って、5年間の集中改革期間が始まり、平成31年5月には一連の集中期間が終了する。この集中期間の成果を評価してさらなる改革や規制強化が行われると想定される。

　このJA改革の集中期間後の平成31年度以降、JA改革の進展もあいまってJAを取り巻く環境は大きく変化する。平成31年度を契機に公認会計士監査の義務づけ、米の生産調整の廃止、収入保険制度の変更、中央会の社団法人化や連合会化など組織変更などの変化が集中的に生じる。

　JA改革の目的は農業所得の向上といっているが、現在ではマスコミ報道でも農業所得の向上をいうところはほとんどない。もともと、JA改革が提唱されたのはTPP（環太平洋パートナーシップ協定）の締結を巡ってグローバル化を意識しなければならず、イコールフッティング（対等な競争条件）に関連して協同組合など特殊な組織形態ではなく、株式会社同士のフェアーな競争をすべきだとの考え方が発端になっている。

　このため、JA改革の本当の狙いはJAといった特殊な組織をなくし、株式会社で賄えばいいといった点にあるといっていい。JAの自己改革も叫ばれているが、JA改革の目的が何か、JAの排除にあるとすればそれに対応する方策を具体的に各JAで構築すべきで、JA改革の対応の到達点は総合JAの継続であり、地域・組合員のJAに対する支持を強固にすることにある。

　平成31年度には各JAは信用事業譲渡を選択するか、総合JAで継続するかの結論を出すように求められている。さらに、JA経営の収益の柱である信用事業の上部団体の奨励金の体系を抜本的に見直すとしてい

i

る。政府は信用事業を継続するための条件として地銀・信金並みの管理態勢の整備を求めている。

　このため、JAバンクの基本方針の見直しとして内部牽制の十分な機能発揮、および貸出審査に係る牽制機能の実効性向上を図るため、内部監査体制・貸出審査体制にかかる体制整備基準を見直すとしている。

　地域金融機関としての金融仲介機能や地銀・信金並みの管理態勢の整備が求められているなか、一方で信連奨励金を含む預金奨励体系の変更と水準の改定が見込まれている。このため、信用事業を継続していくうえで信用事業の管理コストが増大するなかで収入が減少することが想定される。

　こうした状況を踏まえるとJA改革の集中期間後になる平成31年度以降は事業利益が確保できるJAとそうではないJAに分離されることになり、さらには監査証明が得られるJAとそうでないJAに分離され、信用事業譲渡を選択せざるを得ない状況に追い込まれるJAも出てくると思われる。

　JA改革の集中期間後に総合JAとして継続できるJAが将来にわたり総合事業を営むことができるJAになるであろう。そのためには将来を見据えた経営改革の実践と取扱高主義から利益やキャッシュフロー重視の意識転換ができるかどうかがJAの将来を決定づけるといえる。

　JA改革による影響はいよいよ避けられない情勢がつくられつつある。将来を見据えた個々のJAの対応が重要になってくる。今まで以上に対外的な説明責任を果たし、よりJAに自己完結が求められてくるなかで、本書は未来を見据えて拓こうとするJAの参考になれば幸いである。

　なお本書は、平成26年から29年まで4年間にわたり『農業協同組合経営実務』に掲載してきた「総合的リスクマネジメントとJA経営」、「総合情報を活用したJAのマーケティング戦略」、「JA改革への現実的対応」の三連載を再構成し、最新情報を加筆したものである。

平成29年11月　　加　島　　　徹

## はじめに

### 序　章　ＪＡ改革の本当の目的 ……………………………………… 1

### 第1章　分水嶺となるＪＡ改革集中期間とそれ以降 ………… 9
第1節　ＪＡ改革集中期間の課題と対応　10
第2節　ＪＡ改革による組合員の事業利用制限　14
第3節　ＪＡ改革と組合員の事業利用　30
第4節　ＪＡ改革から生じる課題は何か　37
第5節　ＪＡ改革の課題と現実的対応　44

### 第2章　イコールフッティングと総合事業 …………………… 53
第1節　信用事業譲渡による影響と課題　54
第2節　ＪＡ改革と信用事業のイコールフィッティング　64
第3節　債務者格付とＪＡ金融の高度化　74
第4節　総合的リスクマネジメントとは　84
第5節　経営改革の実践と総合的リスクマネジメント　96
第6節　経営事業改革と総合的リスクマネジメント　107

### 第3章　公認会計士監査への現実的対応 …………………… 119
第1節　公認会計士監査と中央会監査　120
第2節　公認会計士監査と内部統制の整備　130
第3節　内部統制の構築の実際と対応方法　142
第4節　内部統制の有効性確保　146

### 第4章　地域・利用者のＪＡの支持向上 …………………… 155
第1節　ＪＡ改革と利用者分析の重要性　156
第2節　ＪＡ事業利用者類型と事業利用の深化　159

### 参考資料　181

# 序　章

## JA改革の本当の目的

# 1．JA改革への現実的対応

　農業所得の向上を目的にJA改革が叫ばれ、平成27年農協法の改正が行われた。規制改革推進会議は平成26年6月から平成31年5月までの5年間をJA改革の集中期間と位置づけ、改革の成果を検証し、今後のJAのあり方を検討するとしている。5年間の集中期間の取組みによってJAのあり方も大きく変わっていくことが想定される。このJA改革に対してどうのように対応すれば良いのか。JA改革に対する現実的対応について考えることにする。

　まず重要なのは、JA改革は何を目的にしているかを知ることである。目的がはっきりすればその効果的な対応策を構築することができる。その意味で本質的に何を目的にしているかを認識することがJA改革への現実的対応の一歩といえる。

　JA改革の目的は「農業所得の向上」とされているが本当であろうか。国の考えている長期的なわが国の農業のあり方はどのような姿なのか。肥料、農薬などの生産資材が高いとはいうものの、このような姿を目指すといった話は少しも見えてこない。

　最近の批判として、肥料農薬の値段が高いことをあげて、これの引下げを行えば農業所得の向上ができるような錯覚を植えつけている。表1は農水省の作成したコメの生産費を米国と中国と比較したものであるが、これをみると、物材費だけで中国とは10倍以上の開きがある。このうち肥料と農薬を合計しても物材費の24％を占めるだけで、たとえコストを半減できても大幅に農業所得が向上する訳ではない。

　また、TPPなどのグローバル化と関税などの引下げが行われれば貿易は自由になってくるので、国内市場の需給が均衡する価格は国際価格に近づくことになる。少しぐらい生産資材価格を引き下げても、農産物の価格が下がれば価格引下げの努力も無になってしまう。

　農業所得の向上を図るためには、農産物価格が維持されていなければならない。農産物価格が維持されたうえで生産費を劇的に引き下げる構造政策など大きな改革を行っていかなければ、本当の所得の拡大は現実

序章　ＪＡ改革の本当の目的

表1　日本、米国、中国の生産コスト比較（試算）

(単位：円／ha)

| (単位：円／ha) | A 日本 | B アメリカ（日本比） | | C 中国（日本比） | |
|---|---|---|---|---|---|
| 物財費 | 579,380 | 180,816 | 31% | 52,997 | 9% |
| 　種苗費 | 22,280 | 7,778 | 35% | 3,348 | 15% |
| 　肥料費 | 72,880 | 21,899 | 30% | 18,080 | 25% |
| 　農業薬剤費 | 66,520 | 28,122 | 42% | 5,728 | 9% |
| 　光熱動力費 | 38,320 | 14,958 | 39% | 264 | 1% |
| 　土地改良及び水利費 | 65,500 | 16,035 | 24% | 7,001 | 11% |
| 　生産管理費 | 3,190 | 8,496 | 266% | 1,320 | 41% |
| 　その他諸材料費 | 18,350 | 1,316 | 7% | 1,616 | 9% |
| 　貸借料及び料金 | 69,810 | 39,251 | 56% | 0 | 0% |
| 　物件税及び公課諸負担 | 18,270 | 6,941 | 38% | 3,403 | 19% |
| 　建物費 | 27,790 | 1,556 | 6% | 0 | 0% |
| 　自動車費 | 17,450 | 34,464 | 20% | 12,236 | 7% |
| 　農機具費 | 159,020 | | | | |
| (参考) 支払利子・地代 | 95,260 | 42,482 | 45% | 14,724 | 15% |
| 労働費 | 283,010 | 18,189 | 6% | 30,582 | 11% |
| 労働時間(hr) | 194 | 9 | 5% | 1,236 | 638% |
| 時間当たり労働費 | 1,460 | 2,021 | 138% | 25 | 2% |

資料 農水省

A　生産費調査3ha以上層　水稲平均作付面積5.8ha（2006）
B　カリフォルニアの稲作経営の事例 経営面積28.3ha（水稲単作）（2004）
C　1,553地域の6万戸の農家（うちジャポニカ稲）（2004）

的に困難と考えられる。

　農業所得の向上を目的にするならば、本来はいかに農産物を高く売るか、国境措置をどうするのかが本質的な課題といえる。現在は本質的な農業所得の向上に対する中長期のビジョンを示さず、肥料、農薬の価格引下げができれば農業所得が向上するような、錯覚を持たせる世論誘導が先行されている。

　ＪＡ改革には、農業所得の向上とは別に目的があると捉えるべきである。提唱されているＪＡ改革の本当の狙いを明確に理解したうえで現実的な対応策を構築していかなければ、右往左往して終わることになる。

## ２．TPPとイコールフィッティング

　今回のＪＡ改革の骨子は唐突に出てきたものではない。ＪＡ改革につながった規制改革会議の主張は、すでに在日米国商工会議所（ACCJ）がＪＡグループへの提言でとりまとめた内容とほぼ似通った内容になっている。ACCJのＪＡグループに対する提言『ＪＡグループは、日本の

3

農業を強化し、かつ日本の経済成長に資する形で組織改革を行うべき』では以下のように述べている。

---

● JA グループの金融事業と、日本において事業を行っている他の金融機関との間に規制面での平等な競争環境を確立し、JA グループの顧客が金融庁規制下にある会社の顧客と同じ水準の保護を受けるために、JA グループの金融事業を金融庁規制下にある金融機関と同等の規制に置くよう要請する。

● 金融庁規制下の金融機関と異なり、不特定多数に事業を行わないことがあげられてきた。しかし、JA グループの金融事業は実質的に不特定多数に事業を行っている状況が長く続いている。もし、平等な競争環境が確立されなければ、次の規制などを見直し、JA グループの金融事業を制約するべきである。

　・組合員の利用高の一定の割合までは員外利用が認められていること
　・僅かな出資金を支払って構成員になることができる「准組合員制度」
　・JA グループ全体に適用している独占禁止法の特例

---

また、JA グループの問題点、不公平な点として次の３点をあげている。

## ① 緩い規制環境を利用してその根拠法の目的を超えて拡大してきた JA グループの金融事業

　旧農業協同組合法は、「農業者の協同組織の発達を促進することにより、農業生産力の増進及び農業者の経済的社会的地位の向上を図り、もつて国民経済の発展に寄与すること」を目的とする。

　法の趣旨からして、そもそも農業者のための組織であって緩い規制のもとで不特定多数を対象に利用者を拡大させてきた。このため、法の趣旨に照らして利用者を制限すべきであるとしている。

　JA では、出資金1,000円を払えば農業者でなくても准組合員になることができる。なお、約983万人の組合員のうち、約516万人を准組合員が占めている。また、准組合員のための割安な出資金さえ払う必要のない

員外利用が認められている。

　以上のように、JA の利用は農業者に限るべきであり、准組合員、員外の利用については制限すべきであるとしている。

　金融庁は、JA グループの金融事業の財務の健全性、リスク管理を監督する権限を現在持っておらず、また、市場行動検査を行う権限も持っていない。JA バンクと JA 共済を金融庁の透明でルールに基づいた規制体系から除外することは国際通商上の日本の義務に反している。

　また、JA の金融事業は、金融の素人の農水省の監督ではなく、金融庁の監督下に置くべきだとしている。

## ②　日本政府による JA グループの金融事業の優遇措置は、日本政府に課されている GATS<sup>※</sup>上の義務に反している

　政府は GATS 上の日本の義務に反し、JA グループの金融事業に対して競争上の優遇措置を取り続け、金融庁規制下の外資系金融機関に不利な待遇を与える結果となっている。政府は GATS 上の日本の責務に従い、JA グループの金融事業を金融庁規制下の外資系金融機関と同じ規制下に置く義務がある。

※サービスの貿易に関する一般協定

## ③　JA グループは本来の使命に専念し、農業を成長分野に発展させることに貢献するべき

　農業改革の議論が進むなかで、金融事業を現状よりもっと不特定多数に販売するのではなく、本来の使命である農業の強化に貢献できるよう、改革を進めるべきである。

　規制改革会議の農業ワーキング・グループは「農業改革に関する意見」を発表した。ACCJ は「准組合員の事業利用は、正組合員の事業利用の2分の1を超えてはならない」との意見を歓迎し、金融庁規制下の金融機関との間に規制面での平等な競争環境を確立するためにさらなる措置をとるよう要請する。

　ACCJ は、こうした施策の実行のため、日本政府及び規制改革会議と

緊密に連携し、成功に向けてプロセス全体を通じて支援を行う準備を整えている。

　以上のように、AACJの提言の内容は規制改革会議の提言やJA改革でいわれてきたことが多く含まれている。

　JA改革でいわれてきたイコールフッティング（公平な競争条件）とは何か。この提言にもみられるように、協同組合のような特殊な組織形態ではなく、株式会社同士の平等な競争を行えといった、欧米における基本的な考え方が根底にある。TPP批准を控えて、こうした欧米の考え方を基本に今後のJA改革が進められると考えたほうが良い。

　AACJの提言では、JAの金融事業を大幅に制限すべきとされている。また、JAの金融事業を素人の農水省ではなく、金融庁に一元的に監督させるべきだとしている。今、いわれている信用事業譲渡は、金融庁に金融行政を一元化すべきとの提言に応えたものと考えられる。JA改革自体は、農業よりも欧米が重視する金融行政一元化やJAの金融事業が縮小することに対する期待があると考えられる。また、JAの金融事業の縮小化の手段として、今後の規制強化の一環として組合員制度についての制約が大きくなると想定される。

## 3．JA改革の本当の狙い

　JA改革に具体的に対応するためには、その本当の目的を認識することが必要である。JA改革の本当の狙いを意識しなければ具体的な対策は生まれない。生産資材を安くしても価格が一定でなければ農業所得の増大はあり得ない。関税を引き下げれば需給が均衡する農産物価格は国際価格に収斂していく。このため、生産資材の引下げを行っても、販売価格が下がれば現在よりも農業所得が下がってしまう。

　こうしたことを論理的に考えていくと、欧米の考え方はイコールフッティング（公平な競争条件）を基本に、農協といった特殊な組織形態は要らず、株式会社で十分といった考え方が底流にあるとみるべきである。

　また、農業生産についても、今のままでは関税が下がってきた時に価

格が大きく下がっていくことが想定され、個人の農家による農業生産では、高齢化や担い手不足等により将来的な価格の下落に耐えられなくなることが想定される。目先の生産資材の価格の引下げでは何ともならないことは明らかである。

　将来的に農業生産が国際競争力を持たなければ国内農業生産は維持できない。これは牛肉、オレンジの自由化の関税引下げのプロセスで大幅に生産基盤が失われたことでも明らかであるといえる。そうであるならば、農業生産も個人の農家ではなく、将来的に株式会社による農業生産でいいと考えているのではないかと思われる。実際に企業による農業生産への参入を促し、農業が成長分野で儲かる産業であるかのようにいわれているが、自然を相手にする限り、それほど簡単ではない。

　JA改革の本質的狙いは何か。国際化、グローバル化のなかで農業生産基盤、担い手も大幅に減少するであろうし、そこを企業に担わせていけば、当然のことながらJAの役割はなくてもいいということであろう。いいかえれば協同組合といった特殊形態の組織ではなく、株式会社で機能は十分に代替できるということではないだろうか。将来的には、農業生産も株式会社で、農協のサービスも株式会社で代替すればいいという基本的な考え方が底流にあると思われる。個人の農家ではなく会社で農業を行うとなれば、当然、農協はいらなくなる。そのため、安倍首相が「岩盤規制にドリルで穴をあける」といったように、アベノミクスで提唱している岩盤規制、抵抗勢力の象徴としてTPPに反対するJAを捉え、それを排除することに目標が定められていると考えるのが自然といえる。

　こうした本質的なJA改革の目的を理解し実際の対応策を構築していくことが、現実的対応を考えるうえで重要といえる。踊らされずに本質を捉えることが重要である。

　JA改革の本当の目的をはっきり認識できれば、JA改革への対応策も見えてくる。すなわち、地域や組合員にとってのJAの存在や価値を高め、地域や組合員がJAを必要としているという構図をつくることが対応策の本質といえる。

# 第 1 章

分水嶺となる
ＪＡ改革集中期間とそれ以降

# 第1節

# ＪＡ改革集中期間の課題と対応

## 1．JA改革の集中改革期間

　規制改革会議の答申でJA改革が始まり、農協法の改正と施行がなされた。JA改革の目的は農業所得の向上が目的と称しているが実際にはTPP批准後に向けてイコールフィッティング（同一の競争条件）のために協同組合といった特殊な組織形態ではなく、株式会社同士の対等な競争条件として整備しようとするものである。このため、協同組合といった特殊な組織形態の排除に改革の大きな目的がある。

　戦後は自作農創設、高度経済成長では規模拡大による構造改革がテーマになったように、これまでは農業政策の明確なビジョンが示されていた。しかしながら、今回のJA改革では農業所得の向上といっているだけで、日本農業をどうするのか、どういう方向を目指すのか明確ではない。つまるところ農家ではなく、企業による農業生産を目指しているのであれば農家も農協もいらない日本農業を築くとはっきりいえば良い。

　現在は明確な日本農業の将来展望が示されないなかで、JA改革による農協の排除だけが目的にされているといっても過言ではない。また、5年間をJA改革に対する集中改革期間と位置づけている。この5年間の集中期間とはいつからなのか。この改革の出発時点を明確にしておかなければ、具体的な対応策を構築することはできない。

　平成26年6月開催の政府「農林水産業・地域の活力創造本部」にて、「農林水産業・地域の活力創造プラン」が改訂され、全中の社団法人化をはじめJAの信用事業譲渡や公認会計士監査の義務づけが明記された。

これが政治上の出発点であった。

　JA改革の骨子は「活力創造プラン」に沿って、平成26年6月を出発点として5年間の集中改革期間が始まっている。とするならば平成31年5月にはJA改革の一連の改革の集中期間が終了する。この集中期間の成果を評価して更なる改革や規制強化が行われると想定される。平成31年5月とは、ほぼ平成30年度の決算時期がJA改革の集中期間の最終年度になっていることになる。

　すでに正組合員と准組合員の事業利用の実態を区分するなどの指導がなされている実態を考慮すると、准組合員の事業利用制限などさらなる規制強化を含む農協法の改正などが行われる可能性も存在すると思われる。

　こうした規制強化事態を回避するためにも、多くのJAでJA改革に対する取組みを積極的に、現実的に行っていく必要がある。

## 2．分岐点となる平成30年度

### (1)　鍵となる信用事業譲渡

　平成30年度はJA改革の集中改革期間の最後の年度であることと、JAを取り巻く環境は日銀のマイナス金利などの影響を受けてこれまでJAの収益基盤である信用事業の収益力低下といった事態に直面している。

　今後、今回のJA改革の進展や外部環境の悪化などの事態が進行することは容易に想像ができる。そもそもJA改革の目的はイコールフィッティングの観点から、協同組合などの組織形態を排除して株式会社などの欧米と同じ組織形態での競争を実現することにあるのだから、最終的にJAを排除するのが目的といえる。このため、今後はJAの排除に向けた動きが加速すると考えられる。

　当面、JAの排除に向けて鍵になるのが信用事業譲渡であると考えられる。信用事業はいうまでもなくJA経営の収益基盤を支える事業である。この収益基盤の事業がなくなれば大部分のJAで経営的な影響が顕在化する。

　ACCJのJAグループに対する提言の主要な主張は、JAの金融事業

をなくせばJAグループ以外の民間企業にとって大きな市場が広がることに期待を示している。現状では生産資材価格の問題を取り上げているが、JAの解体と排除が目的であればJAの信用事業譲渡がそのうち大きな争点になると考えられる。

　平成28年11月に発表された規制改革会議の答申では、全農の事業を一般企業に売却して組織を小さくするなど、組織解体に向けた意図が明確になっている。（表2）

　この答申では信用事業譲渡を3年以内に半分にするとの見解が示された。信用事業譲渡のためには信用事業に関わる資産精査（デューデリジェンス）が必要なため、現実問題として3年では信用事業譲渡農協が半分になるということはないと考えられるが、中期的な観点からみたら現在のJA改革の仕組みからは、半分の農協が信用事業代理店を選択することも現実的に起きうる可能性がある。

表2　規制改革推進会議（農業ワーキンググループ）提言（平成28年11月）

**【全農】**

●資材の購買

　・契約当事者にならず、取扱高に応じた手数料徴収は廃止。JA
　　の資材調達を支援する少数精鋭組織となり、外部人材を登用

　・メーカーなどへの事業譲渡を進め、1年以内に新組織に移行

　・原料輸入や資材メーカーなどへの出資に関して、毎年外部評価
　　を実施、出資先メーカーの優遇はしない

●農産物の販売

　・委託販売をやめ1年以内に全量を買取販売

　・農林中金との連携で流通企業を買収

　・商社との連携で1年以内に輸出体制を整備

●組織のあり方

　・役員への外部人材の登用、選挙による会長選出

　・改革が進まない場合は国が新組織の設立を措置

**【その他のJA関連】**

　・信用事業を営むJAを3年後に半減、農林中金への事業譲渡を
　　推進

　・クミカン廃止

　・国の准組合員規制の検討を加速

　・農協利用の強制に関する取り締まりの徹底

（資料：日本農業新聞より）

# 第2節

# JA改革による組合員の事業利用制限

## 1. 規制改革会議の答申とその影響

### (1) 規制改革会議の答申とその思想背景

　政府の規制改革会議の答申（平成26年6月）に関する農業改革の分野に貫かれている思想を一言でいえば、相互扶助を基本とする協同組合ではなく、経済優先の株式会社だけでいいのではないかといった思想的背景があるように思える。

　とくに、単協、連合会、JAグループの構成組織すべてが株式会社への転換が可能なように措置を行うとしている。その意味では、協同組合といった特殊な組織形態を否定し、株式会社による経済効率性を追求するといった思想的背景を持っていると考えられる。

　たとえば「農林中金・信連・全共連は、経済界・他業態金融機関との連携を容易にする観点から、金融行政との調整を経た上で、農協出資の株式会社（株式は譲渡制限をかけるなどの工夫が必要）に転換することを可能とする方向で検討」とされており、株式会社なのに株式の譲渡制限をかけるなど通常ではあり得ない株式会社化が提起されている。このような特殊な株式会社が存在するとは思えないし、金融機関同士の株式の持ち合いを禁止するダブルギアリング規制など、金融機関の現状の規制などを無視した株式会社化の方向が提起され、現実を無視してでも何が何でも協同組合ではなく株式会社にするという意思が感じられる。

　さらに「組合員や地域住民のニーズが変化する中、農協がこれらのニーズに応えるためには、必ずしも現在の規模・形態を維持するのではな

第1章　分水嶺となるＪＡ改革集中期間とそれ以降

く、組織の分割や再編、株式会社等、他の形態に転換して事業を行う方がより組合員の利益に資する場合も存在するとの指摘がある。したがって、単協・連合会組織の分割・再編や株式会社、生協、社会医療法人、社団法人等への転換ができるようにするための必要な法律上の措置を講じる。」としており、株式会社と同じように単協も事業の分割やM&Aによる買収や株式会社への転換もできるように道を開くとしている。

　また、農業生産も含めて家族経営ではなく、株式会社による生産が支配的になれば、農業の生産性も向上し、効率化な農業が実現した暁にはJAグループの役割は要らなくなると考えているのではないかと推測される。

　こうした思想背景は、80年代の日本のように経済の競争力が強く、人口の規模がそれなりにあり、市場規模が世界的にも大きかった時代にはいいが、人口が減少し、経済力、競争力が低下傾向にあるなかで、地域での助け合いや相互扶助によって生活を守っていくといったこれからの経済状況の変化を踏まえた協同組合の役割の重要性を認識していない。

　一般的に規制緩和によって経済の活性化の効果はあるものの、本当にこれから人口が減少し、高齢化が進むなかで、規制緩和による生産性の向上だけで日本の経済の競争力を維持していけるのかは疑問が残る。人口減少と高齢化社会では、地域社会の人的結びつきや相互扶助といったものの重要性が高まっていくものと考えられる。そうしたなかで農協など地域協同組合は重要な役割を果たすと筆者は考える。

## (2)　規制改革会議の答申と JA 経営への影響

　規制改革会議の答申では、中央会の権限の大幅縮小などが目玉になっているが、農業・農協改革の全体的な思想が協同組合から株式会社による効率性の追求になっているため、中央会だけではなく単協の今後の経営にも大きな影響を与える事項が答申されている。

　この規制改革会議の答申のうち、農協改革に関して今後の農協経営に最も影響を与えると考えられる事項を抜粋すると以下のような事項があげられる。

15

## ① 単協の活性化・健全化の推進と信用事業譲渡

　単協の活性化・健全化の項目では、「単協の経済事業の機能強化と役割・責任の最適化を図る観点から、単協の行う信用事業に関して、不要なリスクや事務負担の軽減を図るため、JAバンク法に規定されている方式（農林中央金庫（農林中金）又は信用農業協同組合連合会（信連）に信用事業を譲渡し、単協に農林中金又は信連の支店を置くか、又は単協が代理店として報酬を得て金融サービスを提供する方式）の活用の推進を図る。」とし、農協の総合事業の形態を否定し、経済事業単独で経営していく方向を示している。

　「信用事業における不要なリスクや事務負担の軽減」とは、金融業があらゆる業種の中でもっとも規制が厳しく、金融検査マニュアルで示されている金融機関としての態勢や内部統制の整備について専門的に対応を行わなければならないが、「単協が行うには能力が足らないので連合会に信用事業は任せた方がいい」といっていると解釈される。また、「貸出などに伴う信用リスクや有価証券運用に伴う市場リスクのコントロールなど、金融機関で行われている統合的リスク管理など高度なリスク管理の実践には向かない」といっているように思える。

　このため、単協は金融事業を代理業務にとどめ、融資や運用などは連合会に任せ、経済事業に専念するよう促している。また、答申では「単協が、自立した経済主体として、経済界とも適切に連携しつつ積極的な経済活動を行って、利益を上げ、組合員への還元と将来への投資に充てていくべきことを明確化するための法律上の措置を講じる。」として、単協の株式会社化もできるように措置することを狙いとしている。

　また、「単協が農産物販売等の経済事業に全力投球し、農業者の戦略的な支援を強化するために、下記を含む単協の活性化を図る取組を促す。単協は、農産物の有利販売に資するための買取販売を数値目標を定めて段階的に拡大する。生産資材については、全農等と他の調達先を徹底比較して、最も有利なところから調達する。」としており、単協は経済事業だけに専念するよう求めている。

## ② 単協の総合事業への影響

現在の総合事業を営む中で、経済事業が黒字で経済事業単独で成立する単協はかなりレアケースだと考えられる。経済事業の赤字を信用や共済事業の黒字で補う形態をこれまで続けてきており、経済事業単独の経営では明らかに赤字が前提となる経営といえる。赤字を前提とする経営に資金を融資する金融機関はない。このため、経済事業だけの経営では単独の経営体としては存在できないと考えられる。

信用事業譲渡を行った農協では、貸出や有価証券運用に関わる人材は不要になることに加え、連合会からかなりの還元が行われない限りは、農協段階での人員の整理などが必要となる。信用事業の独自運用していた部分の収益が減るとすれば、今まで以上に経済事業単独で採算をとるようにする必要が生じてくる。

経済事業単独で採算がとれなければ、事業を廃止するか、事業自体をバルクセールしてタダ同然で他の株式会社に譲渡して事業を続けるなどの選択肢を迫られることになる。そうなれば最終的に農協自体の形態や存在を自らが否定することになると考えられる。

このため、総合事業としての事業形態を続けていけるかどうか、総合事業を形成する個々の事業の損益の均衡化と、もっとも社会的責任が重い信用事業を維持していくためにも、経済事業の赤字や減損のロスが生じても自己資本には影響がないことを示すなど、総合事業としてのリスク管理の徹底も必要になってくる。

また、総合事業としてトータルで収支を実現する形で経営が行われてきたが、できるだけ総合事業としての形態を維持していくためには、経済事業は赤字ではなく、収支均衡になるように経済事業の改善や改革を行っていくことが求められる。

中央会の監査から一般の公認会計士監査の証明に仮に移行することになれば、現在は農業関係施設を共用資産として減損の認識を行っていないが、経済事業で赤字が続いている施設などは減損の認識をすることになる。赤字続きの事業で、事業を継続するために投資を行えば、将来のキャッシュフローの獲得が困難なため、投資した翌年には減損で費用認

識することになる。

　これまで農協関係では常識的に経済事業は赤字が当たり前と考えていたものが、世間では、赤字を補填する事業はなく、赤字が続けば事業から撤退をすることになる。系統独自ルールによって、赤字が続いても減損認識をしなくてもよかったのが、世間と同じルールが適用され、費用認識を行うことになってくる。

　今回、農協界での常識が世間一般の基準や常識に収斂していく意味では、農協界にとっては大きなパラダイムシフト（その時代や分野において当然のことと考えられていた認識や思想、社会全体の価値観などが革命的にもしくは劇的に変化することをいう）が今後、生じてくると考えられる。

### ③　組合員のあり方と准組合員の利用制限

　答申では、「農協は農業者の組織として活動してきたが、時代の変化の中で、農業者でない准組合員の人数が正組合員の人数を上回り、信用事業が拡大するなど、農協法制定時に想定された姿とは大きく変容しているとの指摘がある。したがって、農協の農業者の協同組織としての性格を損なわないようにするため、准組合員の事業利用について、正組合員の事業利用との関係で一定のルールを導入する方向で検討する。」としている。もともとの原案では「准組合員は正組合員の事業利用の２分の１に制限する」といった案で出されたものが、「一定のルールを導入する」との表現に変わってきている。

　協同組合にとっては、准組合員も正組合員もＪＡに出資をしている同じ組合員である。もともと、農協は事業利用を目的とした組合員制度であり、平等が原則であって、組合員の事業利用に大幅な制限を加えることは、事業利用を原則とする協同組合としての組合員制度を否定したものといわざるを得ない。准組合員に議決権だけではなく、さらに組合の事業利用の制限を行う目的がどこにあるのか。全体が規制緩和であるのに、あえて規制強化を行わなければならない根拠と目的が明確ではないといえる。

　実際のＪＡでは、准組合員の貯金のほうが多い場合もあり、正組合員

と准組合員との間で事業利用の制限を設けることになれば、准組合員に返済していただくか貯金をおろしてもらうように働きかけることも想定される。

　組合員と准組合員で事業分量に制限を加えた場合を、一部のJAの総合情報のデータを基に仮に算出してみた。

　G農協で准組合員の事業利用制限を1/2、3/5、1/1に制限した場合について、G農協に及ぼす収支面での影響や事業分量の減少について試算を行うと表3のようになった。

　G農協の貯金8,565億円のうち准組合員の事業利用が1/2利用とすると1,270億円の貯金の減少になり、収益では14.4億円の収益減少になる。

表3　G農協における准組合員事業利用制限による影響試算

**准組1/2制限**

貯金7,295億円（△1,270億円）

|  | 残高（億円） | 差引（億円） | 収益（億円） | 差引（億円） |
|---|---|---|---|---|
| 預金 | 5,574 | −587 | 32.3 | −3.5 |
| 貸出金 | 1,377 | −683 | 22.2 | −10.9 |
| 有価証券 | 645 | 0 | 11.7 | 0 |
|  |  |  | 66.2 | −14.4 |

**准組3/5制限**

貯金7,647億円（△918億円）

|  | 残高（億円） | 差引（億円） | 収益（億円） | 差引（億円） |
|---|---|---|---|---|
| 預金 | 5,854 | −307 | 34.0 | −1.8 |
| 貸出金 | 1,449 | −611 | 23.4 | −9.7 |
| 有価証券 | 645 | 0 | 11.7 | 0 |
|  |  |  | 69.1 | −11.5 |

**准組1/1制限**

貯金8,565億円（0億円）

|  | 残高（億円） | 差引（億円） | 収益（億円） | 差引（億円） |
|---|---|---|---|---|
| 預金 | 6,486 | 325 | 37.6 | 1.8 |
| 貸出金 | 1,735 | −325 | 28.0 | −5.1 |
| 有価証券 | 645 | 0 | 11.7 | 0 |
|  |  |  | 77.3 | −3.3 |

（注）准組の事業利用を正組合員の2分の1、5分の3、1分の1（正組合員と同額の上限）の三つの試算。

3/5利用の制限では918億円の貯金減少になり、収益では11.5億円の減収要因になる。1/1ではG農協ではあまり現状と変わらない状況になる。この試算の結果は一部のJAの場合であり、准組合員の利用が正組合員を上回っている場合にはより、事業や収益の面では深刻な影響を与えると推測される。

　実際に他のJAで同様の試算を行うと、准組合員の利用頻度により影響の仕方が異なっている。いずれにせよ准組合員の事業利用制限によって農協の事業や経営に大きな影響を及ぼすものと推測される。

　住宅ローンをJAから借りている准組合員など、これまで農協の事業は単に農業者だけのものではなく、地域住民に対しても事業を提供し、地域とともに発展してきている経緯がある。これは、農協が職能組合か地域協同組合かといった議論がこれまで何度となくされてきたうえでの結果である。

　JAバンク法の改正前の農協法では「農民の経済的地位の向上」であったものが、この「農民」が「農業者」へ改正されている。前回の改正では農民の組合という地域協同組合であることも容認されていた形から、農業者の組合という職能組合への色彩が強められている。今回でてきている准組合員の規制強化は、こうした過去の極端な職能組合への純化への強要をさらに進めたものとみることができる。

　経済が発展する中で、農業生産者である正組合員の利用だけでは経営を維持するのが困難な都市部のJAも存在する。地域の条件が大きく異なるなかで、職能組合への純化路線をあえて推し進める路線は、地域の実態や農協の事業や地域環境をまったく無視した内容といえる。

　いずれにしても、准組合員に対する規制の強化は、職能組合への純化主義の路線を推し進めたものであり、思想的な背景だけが先行するため、今の農協の事業利用や経営への影響を無視する強引すぎる規制強化策である。

## ２．規制改革会議の答申と農協の総合的リスクマネジメント

　規制改革会議の答申は、農協組織の株式会社化に向けた単協の総合事

業の否定と信用事業の分離と極端な職能主義、農業純化論を外部から強要するものといえる。農協の実情や地域社会へ果たしてきた役割が知られていないのは残念なことではあるし、浅い現場に対する認識の基に、農協改革の名を借りて規制強化や大幅な事業制限が導入されようとしている。

　答申における将来の農協像は、信用事業が代理店として取次ぎ業務を行い、経済事業は収益を追求するという、農業者中心の事業運営といったことなのかも知れない。いずれにしても、中長期的に農協の運営や経営に影響を与えてくるものと考えられる。

　答申における「信用事業を信連や農林中金に譲渡して経済事業に特化していく」という方向性は、これまでの農協の総合事業としての特性を否定するものである。

### (1)　金融業としての農協経営の妥当性

　答申では、まさに農協経営の根幹である総合事業としてのあり方が問われていると考えられる。とくに信用事業を単協自らの事業として営んでいけるかどうかが問われているといえよう。金融事業は自己資本比率規制など最も規制のハードルが高く、専門性も求められる。今後、金融規制に関しても流動性リスクの把握などストレステストを加えた高度なリスク管理手法が求められてくるなど、より専門性が必要になってくる。

　信用事業におけるリスクの計量化手法は、一般の金融機関で行われている統合的リスク管理（Advancing Integrated Risk Management）が基本である。この統合的リスク管理とはVaR（最大損失リスク量）といったもので金利リスクや信用リスクなどを数値化し、一つのリスク指標として現在、どれだけの損失の可能性があるのかを統計的な手法を用いて数値化したものである。

　一般の金融庁の検査対象になっている金融機関では、金融事業に関わるリスクの計量化について統計的手法を用いて計測し、金融業に関わるリスクを一つのリスク量として統合化し、統合されたリスク量が経営体力や自己資本の範囲内に収めるようリスクコントロールが行われている。

このような統合的リスク管理手法は、全世界的にもすでにバーゼル委員会でも認められ、一般的な金融機関では常識になっている。とくに、資金量の大きい金融機関のリスク管理では必ず行われているリスク管理の手法といえる。

　また、金融庁検査の対象となっている金融機関では、融資に関して自己査定を行うが、査定対象先の法人に関しては債務者格付によるリスク管理や収益管理が行われている。債務者格付もはじめは法人が中心であったものが、今ではリテールといわれる個人のローンに関しても行われる状況になっている。

　こうした一般銀行や信金の状況に対して、統合的リスク管理を実践しているJAは現時点では少数にとどまる。また、JA経営者も、金融業において統合的リスク管理や債務者格付などが一般的に行われているといった事実も知らないケースもある。

　債務者格付に関しても、「組合員の間で差をつけることになるので実施できない」などの声をよく聞くが、信用リスクの発生に対する予防と備え、信用リスクを含んだ収益向上策と収益管理がまったくできないことになる。また、個人の債務者格付を行うにしても、債務者に関する属性情報などに関する情報の蓄積が行われていないと、個人の債務者格付は実施できない。

　こうした基礎的な情報の蓄積や認識の違い、リスク管理のレベルの違いなどが、JAと一般金融機関の間では現状において存在する。金融機関としてリスク管理はもっとも基礎的な内部統制といえるので、リスク管理のレベルにおいてもこうしたことが実現できていない。

　また、JAに対する金融庁検査の結果をみていると、コンプライアンスや不祥事などに関する指摘も多い。他の金融機関におけるコンプライアンスに対する取組みや不祥事の発生頻度などは判明しないが、他の金融機関に比べてとくに指摘が多いとすれば、金融機関の一般的なレベルに達していないと判断されても仕方がない。

　金融事業において一般の金融機関では行われている統合的リスク管理や債務者格付などがJAでは行われていないとなれば、「JAは特殊な金

融機関であるためそうした管理が要らない」とか、「リスクの発生や想定額が小さいため、農協だから取り組まなくてもいい」といった明白な理由が必要といえる。

今回の信用事業譲渡の提案についても、一般金融機関並のリスク管理やコンプライアンスや不祥事の発生などを考慮して、JAは金融事業を行わないほうがいいといった判断なのかも知れない。仮にそういうことであれば、他の金融機関に劣後しない、他の金融機関と同等のリスク管理態勢が構築されていると示すことが重要である。

農協の総合事業を守っていくためには、農協が世間一般の金融機関と同等のリスク管理やマネジメントの能力を有していることを対外的に示していくことが重要といえる。「他の金融機関では行っているが農協だからまだいい」などといった判断をしているうちはダメで、農協だからといって金融規制で緩くすることが許されるというものではないと考えたほうがいい。金融機関である限り、金融規制を守れなければ市場退出になり、金融業としてルールを守ることが金融機関であり続ける絶対的な条件である。

農協の総合事業を守っていくためにも、リスク管理やコンプライアンス態勢、不祥事防止など他の金融機関に劣後していないという状況を単協自らが整備し、示していく必要がある。

## (2) 経営の健全性と安定性

農協の総合事業を守っていくためのもう一つの条件として、農協の経営が健全で安定性を持っていることがあげられる。これまでの経営環境をみていくと、金利が低下して信用事業の利益が減少するなかで経済事業が同じ水準の赤字を計上していれば、事業利益は次第に低下傾向を辿っていく。中期3か年など中長期の成り行きによる財務予想を行うと、何も対策を行わなければ事業利益が赤字に陥り、収支を黒字に維持するのが困難なJAもみられる。こうした財務の予測結果は、信用事業の利益が減少するなかでも相変わらず「経済事業は赤字が当たり前で、赤字は信用事業の黒字で従来どおり補填される」といった考え方が依然とし

て支配的なことに起因している。

　また、経済事業の赤字が信用事業の黒字につながっているので赤字が当たり前で仕方がないこと、経済事業の赤字は協同組合運動の一環なのだから赤字で貢献するのが当たり前、といった従来からの考え方を改めていく必要がある。

　信用事業を譲渡すれば、単なる窓口機関となるため、従来の自らがリスクを負って貸出や有価証券で運用してきたといった収益は大幅に減少する。金利低下による信用事業収益の低下に加えて、独自の運用の収益である有価証券の運用益や貸出の利息収入などがなくなれば、経済事業が赤字でいいといったことは許されなくなる。それでも赤字でいいという場合には、最終的には事業廃止に追い込まれることになる。

　信用事業などの収益があってはじめて経済事業が成り立っているのではなく、それぞれの事業において収支が賄われ、事業が単独の収益で維持ができる状態になっていることが、今後の農協の運営を考えるうえでこれからの絶対的な条件といえる。

　実際に農協より前に信用事業譲渡が行われている漁協の例では、信用事業の譲渡を行って経営が良くなっているといった事実はないようである。（55頁「(1)　漁協での信用事業譲渡の影響」参照）仮にあったとしてもレアケースで、大部分は経営が悪化するというのが事実である。経営が悪化したままで事業を続ければ、最終的に事業そのものから撤退をしなくてはならなくなる。

　政府は、経営が悪化するのになぜ信用事業譲渡を進めるのか。経営の悪化より、信用事業を続けていく能力がないことが問題であると考えているとしか見えない。

　また、預金者保護といった観点では、信用事業譲渡を行い、末端の単協ではなく県段階など預金保護できるだけの信頼できる経営体が信用事業を担えば、末端の単協の経済事業が赤字でも、経営全体が赤字でも、預金者保護は可能になるといったことを狙っていると考えられる。

　実際に信用事業譲渡を行った漁協では、販売事業や購買事業などの経済事業でも収支が悪化している。先行的に信用事業譲渡が行われた漁協

で経済事業を含む経営全体の収支が悪化しているにもかかわらず信用事業の譲渡を進めるのは、信用事業譲渡後の漁協がどうなるかは関心事ではなく、むしろ主眼は信用事業を農協に行わせたくないと考えているからではなかろうか。

信用事業譲渡を行うか否かは最終的には各単協の判断にしても、漁協の例をみても信用事業譲渡後に経営が良くなる例はあまりない。このため、信用事業譲渡は、その目的が信用事業を譲渡して、究極の預金者保護を実現することが最大の目的であるため、総合事業全体で経営が成立しなくなった農協や経営不振農協から実際の信用事業譲渡が進むと考えられる。

信用事業譲渡の対象とならないためには、総合事業全体で安定した収益を実現し、経営の健全性が明白になっている必要がある。現在の経営環境からみても、金利低下が進み、すでに信用事業の収益で経済事業の赤字を補填し続けることは収支上困難になってきている。

信用事業譲渡に陥らないためには、経済事業の損益が信用事業に頼るのではなく、単独の事業として成立していくことが必須条件といえる。そのためには、経済事業の改革と損益の均衡化や改善を進めていくことが必要といえる。

経営の健全性は、信用事業や金融事業を担ううえでも、また、他の事業を行っていく場合でも、対外的な社会的信頼性に関わる分野といえる。赤字が続く経営体に他人のお金を預かる信用事業を行わせることができるか、である。

収支が償えない経営を続けていくことは、最終的には信用事業譲渡につながる。信用事業譲渡後の経営は、先行する漁協の例ではむしろ悪化していることから、最終的に単協そのものがその地域で存在できないようになっていくと考えられる。

農協の総合事業の経営を守るためには、経済事業をできるだけ収支均衡や黒字化を達成し、信用事業を含む総合事業として経営の健全性が確保できていて、将来的にも経営の健全性について疑義が生じないということが必要条件であるといえる。

## ⑶　説明責任としての総合的リスクマネジメントの必要性

　これまで述べてきたように、今回の答申における信用事業を譲渡した経済事業中心の農協にならないための要件は次の2点である。

① 　信用事業において他の金融機関で実施されている統合的リスク管理や信用リスクなどの管理レベルについて他の金融機関に比べて劣後しないこと

② 　総合事業として経営が十分に行え、将来的にも総合事業として経営の健全性に問題がないこと

　この二つの要件に加えて三つめの要件としてあげられるのは、「対外的な説明責任能力」にあると考えられる。総合的リスクマネジメントでは、農協の総合事業として抱えているすべての事業リスクを計量化し、自己資本や経営体力と比較して予め定めたリスク許容限度額の範囲にリスクが収まっているかを検証し、コントロールしていく方法が実践される。

　図1はO農協におけるある時点における総合事業としてのリスク量を示したものである。

　これをみてもわかるように、左側に自己資本額があり、左から2番目に有価証券の評価損益を加えた実質的な経営体力が示されている。O農協は内部留保が少ないため、経営体力のうち自己資本額に該当する金額を上限に各事業のリスクの許容限度額を設定し、経済事業、信用事業の各事業のリスクがその範囲に収まるようにモニタリングがなされている。

　総合事業のリスク量は、各事業における最大限のリスク量（経済事業については10年分の投資回収ロスと収支の赤字に相当）を基準にリスクを統合し、一つのリスク量として示している。想定される最大限のリスク量と経営体力を比較して、現在の将来発現する可能性のある最大限のリスク量は経営体力より十分に下回っているので、リスクが発現した場合でも自己資本は残され、経営の継続性が守られることが示されている。

　このように、偶発的なリスクが顕在化しても経営の継続性が守られることが数値や日常の管理の中で示されることで、経営の継続性に問題が生じないことが対外的に説明できる。まずは感覚的な継続性の保証では

なく、信用事業以外の事業を兼業していても経営体力と比較して経営の継続性に何ら問題がないことを示していくことが必要である。

　経営の継続性を検証するなかで、信用事業以外の事業を兼営している総合事業としての経営の継続性が示せる管理レベルにあることが、対外的に経営の健全性と継続性を示していける条件である。

　対外的に総合事業としての妥当性の説明を行うのに、こうした総合事業としてのリスクがどうなっているか、信用事業以外の事業を行っても何ら将来的な経営の継続性に問題がないと示すことも、対外的な説明としては重要である。また、それだけではなく、きちんと総合事業における個別の事業リスクが数値化されているうえに、自己資本を守るためのリスク量の限度管理が行われており、リスクの限度を超えた場合にはリスクの削減に向けた対策により自己資本を守るといった、リスクマネジメントによるPDCAサイクルが有効に機能することを示していくことが重要といえる。

図1　O農協における総合事業のリスク量

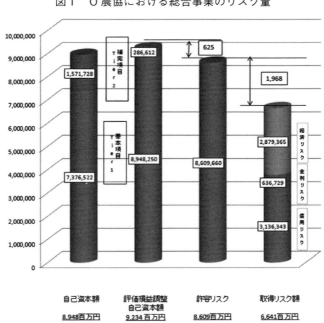

総合事業のリスクが可視化され、リスクマネジメントとしてこうした PDCA サイクルを内部の仕組みとして経営の健全性が絶えず確保されることを対外的に説明できることも重要である。

　数値など総合事業の各事業のリスクが可視化されており、総合事業としての経営の継続性のエビデンス（証拠）が示され、数値に基づいて総合事業としてのリスクマネジメントが実践されて、そのリスクマネジメントの仕組みが対外的にも説明できることが、信用事業以外の事業も兼営している総合事業としての形態を守っていくことにつながる。

## ３．農協の総合事業について

　答申では、まさに農協経営の根幹である「総合事業としてのあり方」が問われている。とくに信用事業を単協自らの事業として営んでいけるかどうかが問われているといえよう。先行して信用事業譲渡が進められている漁協などでは、信用事業譲渡で経営が改善したり、良くなった例はあまりないと考えられる。経営改善よりはむしろ信用事業譲渡は信用事業を行わせないことで究極の預金者保護を目的にしたものといえる。

　実際の信用事業譲渡は、経営が悪化している単協から行われていくものとみられる。信用事業譲渡が行われた単協では、残された経済事業も悪化する傾向にあり、信用事業譲渡後は大幅なリストラや合理化が避けて通れないと考えられる。また、最終的には地域に農協が残らないといった事態も将来的には想定される。

　地域に将来とも農協を残していくためには、総合事業としての農協を維持していくことが求められる。前述の信用事業を譲渡した経済事業中心の農協にならないための２点の要件に３点を加えて総合事業を守る要件と考えている。

① 　信用事業において他の金融機関で実施されている統合的リスク管理や信用リスクなどの管理レベルについて他の金融機関に比べて劣後しないこと

② 　総合事業として経営が十分に行え、将来的にも総合事業として経営の健全性に問題がないこと

③　総合事業としての経営の健全性を確保していくために、経済事業の収支均衡や黒字化に取り組むこと

④　総合事業としてのリスクを可視化し、対外的に信用事業以外の事業を兼営していても総合事業としての健全性を示せること

⑤　総合事業の形態にあわせた総合的リスクマネジメントとして内部牽制の仕組みを有し、対外的に取り組んでいる仕組みを対外的に説明できること

　将来的に総合事業を農協として残していくためにも、総合的リスクマネジメントの実践は重要といえ、さらには金融機関として劣後しない、経済事業を含めた総合事業としての損益を改善していくことが地域に総合農協を維持していくための絶対的な条件といえる。

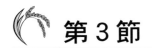

# 第3節

# JA改革と組合員の事業利用

## 1. JA改革と新たな総合的な監督指針

　JA改革と農協法の改正を受けて総合的な監督指針が示された。その内容をみると、さまざまな点で驚かされる。JA改革は農業所得の向上を目的としているといっているが、果たして、本当に農業所得の向上を目的としているのであろうか。

　今回の改正を分析するなかで、どのような方向に向かい何を目的にしているのかを明確にしたうえで、これからのJA改革の進展のなかでJAは組合員に対して何をしていけば良いのか。また、これからの組合員の事業利用をどう考えて行くべきなのかについて述べていきたい。

### (1) 新たな総合的な監督指針における農協の目的

　JA改革を受けた新たな総合的な監督指針では、農協法の改正を受けて農業協同組合の経営目的は、
① 組合は、その事業を行うに当たっては、農業所得の増大に最大限の配慮をしなければならない
② 組合は、農畜産物の販売その他の事業において、事業の的確な遂行により高い収益性を実現し、事業から生じた収益をもって、経営の健全性を確保しつつ事業の成長発展を図るための投資又は事業利用分量配当に充てるよう努めなければならない
との規定が追加されている。

　旧農協法では、その目的は「農業者の協同組織の発達を促進すること

により、農業生産力の増進及び農業者の経済的社会的地位の向上を図り、もつて国民経済の発展に寄与することを目的とする」とされ、「組合は、その行う事業によってその組合員及び会員のために最大の奉仕をすることを目的とし、営利を目的としてその事業を行つてはならない」とされていた。

　新たな総合的な監督指針に記載された経営目的のなかでは、旧農協法で組合員及び会員のために最大の奉仕と非営利が目的だったものが一切削除され、農業所得の増大に最大限配慮することと農畜産物の販売が主で、他の事業が従であることが意識されていることがわかる。

　従来の目的の「組合員、会員に対する最大の奉仕と非営利」というなかで、地域社会の貢献など広く社会性を解釈できたものが、組合員、会員への奉仕と非営利といった協同組合の原点が第一ではなく、農産物の販売や農業所得の増大といった点に限定しているのが特徴になっている。

## (2) 新たな総合的な監督指針の柱立て

　新たな総合的な監督指針から、JAにとって重要な課題となる改正をみていくことにする。ここで述べているのはあくまでも私見であることをあらかじめ断っておく。なお、紙面の関係から農協関係に関わるもののみを抽出してみていくことにする。

　「Ⅱ　組合の監督上の評価項目」で、「Ⅱ－1－2－3　准組合員制度の運用」が今回の総合的監督指針では削除されている。准組合員制度の運用が削除され、「Ⅱ－7　正組合員及び准組合員の組合の事業の利用の状況等の調査」が新設されている。

　今回の新たな監督指針で、准組合員制度の運用が廃止され、JA改革の集中期間後に准組合員の事業利用制限ではなく、制度自体が存在しないという可能性も考えられる。新規の准組合員の加入や准組合員はJAの利用ができないといった事態も想定される。准組合員の事業利用制限を行えば、貸している住宅ローンを返してもらうなど金融秩序の維持という点で社会的な問題になる。最終的に一定の事業利用制限か准組合員制度の廃止などが検討されると思われる。

「Ⅱ－1－2－3 役員体制」では「組合の理事の定数の少なくとも3分の2（経営管理委員設置組合にあっては、経営管理委員の定数の少なくとも4分の3）は、正組合員たる個人又は正組合員たる法人の役員であるか」としており、さらに認定農業者を入れるなど、専業農家によるガバナンスを強調している。

「Ⅲ－2－1－5 組合の組織変更」が新設され、「組合という組織形態のままでは、事業が限定されることや員外利用規制等により、農業者でない地域住民に対し、地域のインフラとしてのサービスを適切に提供していくことが難しくなること等も考えられる。組合の事業運営に当たって、こうした法の制約が課題となる場合には、株式会社、一般社団法人、消費生活協同組合等への組織変更も一つの選択肢となり得る」とされている。

逆に考えれば、将来的に農協の組織では制限がより厳しくなるとのことかも知れない。JAの世界はディレギュレーション（規制緩和）ではなく、より一層のレギュレーション（規制）の強化が志向されているのかも知れない。また、規制が強化され、事業や経営に制約がさらに厳しくなるとなれば、一部の事業の分離や制約がかからない別形態の組織を志向しなくてはいけなくなる事態も想定される。

旧指針の「Ⅲ－2－1－3－1 県域の取組について」は、中央会が削除された関係もあるが、県域の合併構想が示されていたところがすべて削除されている。広域合併の推進によってこれまで経営の健全性の確保が行われてきたが、合併の推進は信用事業譲渡の推進のため、今回の監督指針ではなくなっている。

### (3) 新たな総合的な監督指針の本当の狙い

JA改革の目的は農業者の所得向上というが、その所得向上のために何を行えば良いのか、監督指針としても行政が何をチェックすべきなのかが明確ではない。監督指針なのに行政もチェックを行わず、JAの農家所得の向上の寄与について何をもって評価するかも明確ではなく、はじめからどこに向かうのかが判明しない。

また、先ほどの監督指針の改正にみられるように、農協のこれまでの地域社会との結びつきなどを考慮せず、また、兼業農家ではなく、専業農家によるガバナンスの強化や販売事業以外をその他の事業とするところなど、地域協同組合ではなく、職能組合の色彩を濃くした改革であるといえる。その意味で、今回の改革で明確に地域協同組合の存在を否定している。

　そのため、農業関係の色彩を強くして、JA改革の集中期間終了後にはさらなる規制強化を行おうとしていると思われる。都市農協や農業があまりない都市地域では、今後、農業に関連した規制の強化によって農業協同組合としての存在がむずかしくなるかも知れない。規制がさらに強化されれば、規制の少ない他業態への転換も必要になると思われる。政府はすでに他業態への転換もできるようにしているということは、規制の強化と農業色の強い農協だけが残ればいいということを意図したものである。

　専業農家や農業を中心とした農協だけが残ればいいということは、結局のところ、今回のJA改革の本当の目的は安倍首相がいっているように、岩盤規制の象徴である農協をなくすことが目的ではないだろうか。全中を社団法人にしても農業所得の向上が図れないし、規制を強化しても農業所得が向上するとは思えない。

　今後のJA改革の情勢や動向をみて、各JAは対応策を構築する必要がある。いずれにせよ、改革の目的が農協をなくすことが本当の目的であるならば、規制強化の道は避けられない。

　将来的に規制が強化されすぎた場合には、現在の農協の形態は変形せざるを得ない。規制が強化された場合には規制の少ない分野に行かざるを得なくなる。このため、現在は総合事業で展開しているが、将来的にどのような形態になるかは、JA改革の集中期間後の規制の強化がどの程度かということに依存してくる。

## ⑷　新たな総合的な監督指針とJA改革への対応

　JA改革の目的が岩盤規制の象徴である農協をなくすことであれば、

全体の改革の考え方は整合的な考え方といえる。農業所得の向上ができていないと判断されれば、規制強化が現実になってくる。農業所得の増大は、現実的にはむずかしい。大切なのは、いかにJAの農業振興や農業所得の増大に向けた取組みが地域社会や世間で認知を受け、JAは農家、農業の発展に必要な組織だと認識されることといえる。

そのため、専業になるほど農協を利用しなくなるのではなく、専業農家も積極的にキャッチアップする姿勢や、輸出や地産地消等新規販路先を開拓する、農業関連融資を伸ばす、耕作放棄地を抑制する取組みを行うなど、世間や地域社会に対して農業所得の向上に取り組んでいることを認知してもらうことが重要と考えられる。

JAの経営面では、職能組合への純化と岩盤規制の排除といった考え方にともない、将来的に規制が厳しくなると想定される。JAの組合員はそもそも総合事業を利用しているが、事業や利用を制限することになれば、農協離れを招くような事態を加速しかねない。

今後、さらに規制が強化されれば、総合事業のそれぞれの事業を分離して、実質的な総合事業として組合員の利用を維持していくことも想定せざるを得ない。そうした事態は規制が厳しくなればということであって、これは最終的にJAと政府、世間との力関係によって決まるものといえる。

最悪の事態を想定し、総合事業の信用、共済、経済といった個別の事業分野毎に一般の競合する業種と同等の専門能力を身につけ、自立しても事業や経営が展開できるようにしていかなければならない。

信用事業では、農水省の検査ではなく、金融庁の検査や日銀の考査にも耐えられるような、一般の金融機関で行われているリスク管理態勢やリスクコントロールが実践できるようにしていくことが重要である。とくに信用リスクに関わる債務者格付の実施と信用リスクの計量化、金融事業に関わるさまざまなリスクの計量化と自己資本との対比が可能な統合的リスク管理の実践が重要である。

経済事業については、赤字では独立した事業体としては運営ができないために、赤字の縮小と収支が黒字へ転換することが必要である。また、

経済事業の投資などに関しても、サービスではなく、キャッシュフローで回収できるかどうかを検証して投資を行うように変更していかなければならない。

こうした金融事業や経済事業の自立化と専門能力の向上は、また公認会計士監査の証明を得るためにも重要な内部統制の整備であるといえる。この数年は、一般の金融機関、事業会社としてそれぞれの事業が一般会社に互していけるだけの基礎的な専門能力の向上が必須だといえる。

JA改革の集中期間後、JAが地域に残り、組合員に総合事業としてのサービスを続けていくためには、組合員にとってのJAの存在が必要不可欠なものになっていなければならない。JA改革の集中期間の終了後にもJAが残っていくためには、地域社会、組合員にとっての必要性を高めることがもっとも重要といえる。これまで以上に、組合員のJAの事業利用を高め、組合員の農業生産や生活、そして地域社会にとって必要不可欠な存在になることがJA改革を生き残る処方箋ではなかろうか。

JA改革後のJAの存在は、組合員と地域社会が決めるといっても過言ではない。

## 2．組合員の事業利用と JA の必要性

今回のJA改革では農家所得の向上を掲げ、農業生産にウエートを置いた職能組合の色彩が強い。「職能組合か地域協同組合か」といったこれまでの議論にはまったく考慮がなく、地域協同組合であれば生協への転換ができるように措置するなど、農業関係以外は農協ではなくても、企業や生協や他業態で十分との認識が背景にある。

今回のJA改革では、JAの地域社会との結びつきや組合員の生活などに関連した生活事業などがまったく配慮されていない。とくに、地域社会との結びつきはどこのJAでも強く、地域社会とともにJAが歩んできたという事実も、まるでなかったかのように取り扱われている。

とくに今回のJA改革の柱のなかで、准組合員の事業利用制限があげられている。最終的には、正組合員と准組合員の事業利用に関する調査を基に事業利用制限について検討するとされている。准組合員は、農業

生産について営んでいなくても JA 管内の地域に居住する住民である。

　JA 改革後で JA が将来ともに残っていくためには、むしろ准組合員の声も積極的に聞いて、農業を営んでいない准組合員にとっても JA が必要だという声をあげてもらう必要がある。また、地域社会の中でも、JA の必要性を高めていくことが重要といえる。

　正組合員はもちろんであるが、准組合員や地域社会に対しても JA の必要性を向上させていくことが大切である。そして JA の必要性についての意見を集めていく必要がある。最終的には組合員、地域社会での JA の必要性や社会的な存在感を増していくことが必要といえる。

　組合員にとっての必要性を高めていくことは、個々の組合員の事業利用をより深化させることが必要である。そのためには個々の組合員の事業ニーズを把握し、組合員のニーズにあったものを提供する姿勢に転換することが必要である。これまでは、目標とする事業分量を決めて推進するといった形式で事業を行ってきたが、個々の組合員のニーズを把握して利用者の満足度を高める仕組みが、JA 改革の進展とともにどうしても必要である。

　また、地域社会での存在感や必要性をあげていくためには、地域に対するエリア戦略の確立が重要である。地域社会で必要とされる JA になるためには、支店を核としたエリア戦略の実践が重要と考えられる。

　JA 改革の進展にともなって、これまで以上に存在がかかった厳しい環境になると想定されるが、JA が将来にもわたって存在していくためには、組合員のニーズを分析し、把握したうえで、今以上に JA の事業利用をできるようにすることと、地域社会での存在感を高めるために支店長が自らの地域を考え、いかに JA の存在感を地域社会で高めていくかといったエリア戦略の確立が重要といえる。JA 改革の集中期間後に JA が地域社会と表裏一体であることを示すためにも、JA の目的の中に地域社会への貢献も加えるべきであると考える。

　JA が存続していくためには、組合員の事業利用を高め、個々の組合員にとって必要な存在としての JA になり、また、地域社会にとって重要な組織として認知されていくことではないだろうか。

# 第4節

# ＪＡ改革から生じる課題は何か

## 1．ＪＡ改革集中期間の課題と対応

### (1) JA改革の目的と課題の認識

　JA改革の本質的狙いは何か。国際化、グローバル化のなかで農業生産基盤の担い手や農地も、このままでは大幅に減少するであろう。農業に果たしていたJAの役割は、協同組合といった特殊形態の組織ではなく、株式会社で機能は十分に代替できるのでなくてもいい。また、農業生産の担い手は農家ではなく株式会社でいいということであろう。

　JA改革は、岩盤規制、抵抗勢力の象徴としてTPPに反対するJAを捉え、それを排除することに目標が定められていると考えるのが自然といえる。将来の日本農業の姿をこうしたいといった明確なビジョンがある訳ではない。農業所得の向上などこれまでできなかった到達困難な課題を与えて、できていないことを口実にさらにJA解体のきっかけにしているに過ぎない。

　こうしたことを考慮すると、JA改革への対応は政府が世論誘導を図る課題については形式的にも実際の対応策を構築し、対外的に周知していくことが現実的対応を考えるうえで重要といえる。踊らされずに本質を捉え、具体的な対応を図ることが重要である。

### (2) JA改革がもたらす現実的課題

　JA改革の集中期間後には、さらにJAに対する規制強化が図られると予想される。JA改革では、准組合員の事業利用制限、JAの信用事業

譲渡、認定農業者を入れた役員構成の見直し、公認会計士監査の義務づけ、生産資材価格の引下げなどの課題がいわれている。

これらのJA改革にともなう課題を冷静に考えると①農協法改正にともなう対応課題、②将来の規制強化に向けた対応課題、③農業所得向上に向けた対応課題、④イコールフッティングへの対応課題、⑤地域、組合員にとっての存在感、必要性の向上に向けた対応という五つの課題に集約される。（図2）

① **農協法改正にともない対応すべき課題**

すでにJA改革を受けて農協法改正が行われたため、法律上改正された事項に関しては法的にクリアーできなければ「農協法違反」ということになるため対応せざるを得ない。

ⅰ）役員構成の見直し

認定農業者を理事に登用する、割合の変更などにともない、従来の地区選出などのこれまでの役員選出の基準の見直しや資格要件の

図2　JA改革がもたらす現実的課題

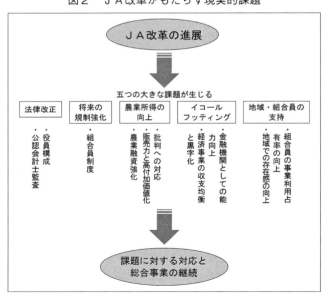

見直しが課題になってくる。

ⅱ）公認会計士監査の義務づけ

　　平成31年度より公認会計士監査が義務づけられたため、世間と同一の会計基準を遵守するための条件整備が課題になる。公認会計士監査の証明が得られない場合には、信用事業の継続ができなくなり、信用事業譲渡を選択せざるを得なくなる。このため、将来とも総合事業を継続していくためには、公認会計士監査への対応が必要不可欠である。

## ②　将来の規制強化を想定した対応課題

　准組合員の事業利用制限や員外利用制限の強化など、これまで以上に規制の強化が進むと想定される。将来の規制強化については、農業に加え、地域社会での活動を重視してきたJAとしての弱点である、准組合員の事業利用制限等を含む組合員制度の規制強化が想定される。

　とくにこれまで組合員資格に関しては、組合員台帳の情報の更新などが十分に行われていないなどの問題があるので、組合員の資格要件の検証を十分に行えるようにしておくことが必要である。事業利用制限の必要がない正組合員をいかに増やしていくかということもポイントになってくる。

ⅰ）組合員資格要件の見直し

　　正組合員、准組合員資格要件の洗い直しと見直しが必要になってくる。現状の組合資格の状況や実態を把握するとともに、正組合員を増やす方向で制度、組合員資格要件の見直しを図っていくことが必要になってくる。

ⅱ）准組合員の正組合員化

　　事業利用制限の強化などを想定して、正組合員の子弟などを正組合員化することなどを通じて、事業利用制限の必要がない正組合員を増やす取組みが必要になってくる。准組合員の資格実態を把握し、正組合員への転換を図ることが課題といえる。

ⅲ）員外利用規制強化に向けた対応

員外利用規制の厳格化や規制強化の動きが想定される。少なくとも員外利用規制の厳格化に対応した取組みが求められる。場合によっては、子会社への業務移管などの措置が必要になってくる。

### ③ 農業所得の向上に向けた取組み

　農業所得の向上に向けて、世間が認知、認識できる取組みが求められる。とくに地域社会に対するJAが果たすべき食と農業振興への役割と存在感を強化する取組みが重要であり、これまでの地域農業振興計画の実践に加えて、以下の課題への取組みが求められる。

　ⅰ）販売力強化、付加価値化による所得向上

　　　販売力強化として、地場流通の強化、地元の食の組織化、市場産地形成・ブランド化に向けた販売力強化の取組みが必要になってくる。販売力強化による所得向上策の実践が不可欠であり、本質的な農業所得の向上に向けた取組み課題といえる。

　ⅱ）生産資材価格の引下げ

　　　生産資材の引下げについては、競争入札を含めたコスト低減策についてとりまとめ実践する。実態を把握するための他店との価格比較や情報公開、競争入札などを通じた生産資材価格の引下げに向けた取組みを行っていく必要がある。

　ⅲ）輸出、農業融資の拡大

　　　象徴的にいわれている輸出や農業融資の拡大に向けて目標を設定して取り組む。この場合、従来の農業振興の名目での個別農家支援対策費を融資へ転換するなどの措置を検討し、農業融資に関する金融面での仲介機能の発揮を行う。

　ⅳ）地域の食と農の取組み

　　　地域社会、地域農業の振興にJAが中核的な役割を果たしていることを印象づける取組みを行う。地域の食と農を通じたJAの中核的な役割発揮の取組みを実践する。また、地域の商工業者との連携により、JAからの農産物の供給を行い、食と農を通じたJAの存在感や影響力を高める取組みを行う。

ⅴ）中核農家、認定農業者との対話、交流強化

　　中核農家、認定農業者との定期的な集まりや交流を行うなかで、JA に対する要望やニーズを把握し、JA 運営への反映を行う。

ⅵ）地域の食と農の活性化に向けた行政との連携

　　地域の食と農の活性化に向けた行政との連携について、ⅰ）～ⅴ）の検討に即して行政との連携を行っていく。

## ④　イコールフッティングへの対応

　世間とのイコールフッティングを意識して、事業分離に対応した専門能力の向上と経済事業の独立採算の強化を進めていく。とくに信用事業譲渡など事業分離のリスクが高まるなかで、経済事業の収支均衡に向けた事業改革が必要になってくる。

　また、信用事業譲渡にならないためには、一般金融機関と同様のリスク管理や貸出審査態勢のレベルアップ、信用リスク管理、金融仲介機能の発揮、支店の収益管理を行っていく必要がある。

ⅰ）将来の組織形態論の検討

　　規制強化を想定して、総合事業サービスが提供できる組織形態について検討を行っておく。規制強化にともなう組織形態変更シナリオを作成し、事業分離のリスクが高まることを前提に将来の組織形態のあり方を、中長期的に検討していく。

ⅱ）金融機関としての能力向上

　　他の金融機関と互していくための条件整備を行う。他の金融機関で行われている統合的リスク管理の実践をベースに、経済事業を含んだ形での総合的リスクマネジメントの実践を行う。同様に、他の金融機関で実践されている債務者格付等の信用リスク管理の強化と随時査定の確立、ALM 管理（資産負債管理）の高度化とミドル、フロントによる内部牽制の確立を行っていく。

　　また、金融機関としての支店段階の融資機能の強化と支店機能を見直し、支店収益管理の検討と実践を行っていく。

ⅲ）経済事業の収支均衡

経済事業における独立採算の強化と、分離・独立しても人件費が賄える事業の仕組みづくりを行う。また、事業分離のリスクが高まるなかで、経済事業だけで事業・サービスが継続できるよう経済事業での収支均衡を実現する。事業によっては、員外利用制限などに抵触する場合には子会社化など会社化等の検討も必要になってくる。

⑤ **地域、組合員にとっての存在感、必要性の向上**

JA の利用者の見える化を図り、地域社会や組合員にとっての存在感、必要性の向上を図る。具体的なモニタリング方法と必要性の向上に向けた数値目標を設定して取り組む必要がある。

ⅰ）利用者像の見える化

名寄せデータを基に利用者像を明確にしていく。統計分析などを通じた利用者パターンの抽出と収益性の評価を行う。1人当たりの事業占有率を高めた取引拡大方策と目標を設定する。組合員1人当たりの事業占有率が高まれば、それだけ JA の必要性・重要性が増すことになる。

ⅱ）利用者満足度の見える化

利用者のアンケートにより JA の満足度の見える化を図り、満足度向上の目標を設定して、満足度向上に向けた取組みを行う。満足度が向上すれば、それだけ JA に対する必要性や支持が得られていることになる。

ⅲ）JA の存在感と必要性のモニタリング

アンケートデータや利用者像の見える化による定期的なモニタリングを実施して、利用者占有率や満足度の向上を定期的にモニタリングする仕組みを構築する。

ⅳ）エリア戦略の展開

地域活動の拠点としてのエリア戦略の確立し、JA 離れの実態把握や支店別の満足度の向上について地域別のエリア戦略を構築する。エリア戦略の構築と実践を通じて、地域社会での JA の存在感や必要性を高める取組みを行い、協同組合としての支店機能、拠点づく

りを行っていく。

## ２．ＪＡ改革の課題認識と具体的対応の考え方

　JA 改革にともなって発生する課題としては、大きくは前記の五つに集約される。このため具体的対応策は、これらの課題に沿って構築していくことが肝要である。最終的に JA 改革から生じる課題に対応して対策を講じる際に、何をゴールとして実現するのか。それは「総合事業の継続」である。組合員に対する総合事業のサービスを提供し続けることが最終ゴールといえる。

　JA は、これまで国の政策に組み込まれ、政府の政策を着実に実行する機関として機能していた。日本人は明治維新の時代から一つの方向を進んできたことで、経済的、国際的な発展を成し遂げてきた。JA のこれまで果たしてきた歴史的、社会的役割を評価しないのであれば、農水省は存在する意味がない。産業政策、社会政策に対するそうした思いがなければ農水省はいらないし、役割が終わっている省庁であればなくせばいいのでないか。いらないところに無駄な税金を投入する余裕は日本にはないはずである。

　JA 改革の本来の目的が JA の排除にあるのであれば、JA 改革で批判を受けている事象については形式的にも対応せざるを得ない。逆に日本農業の将来ビジョンがないのであれば、形式的に対応するだけで十分対応していると評価されるであろう。

　JA 自らが行う JA 改革への現実的対応は、JA 改革の本当の狙いを理解したうえで、現実的に起きる課題を冷静に評価し、対応する課題を明確にして現実的に対応することしかない。JA 改革の進展によって、おそらく総合農協として残れる JA と、そうではなく専門農協として存続するか、消滅していく JA とに分かれることになる。

　JA 改革への現実的な対応は、その狙いと生じる課題を冷静に評価して対応策を構築し、最終的に将来にわたって総合農協としてのサービスを継続していくことである。このため、JA が根ざしている地域社会と組合員の支持を得ることが未来の JA の存在を決定づけるといえる。

43

# 第5節

# JA改革の課題と現実的対応

## 1．JA改革集中期間の現実的対応

### (1) JA改革の集中期間と平成30年度問題

　平成30年度が終わると、5年間の改革集中期間が終了する。平成31年5月以降にJA改革に対する一定の結論と方向性が示されることになる。

　JA改革の本当の目的がJAの排除にあるのであれば、この時点での取組みを評価し、その取組みが不十分と判断されればさらなる規制強化が行われると想定される。准組合員の事業利用制限などについても、この頃に一定の方向が示されると思われる。

　5年間のJA改革の集中期間後にどのような方向性になるのかについては、これからの数年の取組みにかかっているといっても過言ではない。この間のJA改革の取組みの評価が、平成30年度以降のJAの将来の方向を決定づけると想定される。

　日本農業に対する明確なビジョンがなく、JA改革の本当の目的がJAの排除にあるとすれば、生産資材価格の低減などJAを批判している事象に取り組まなければ、取り組んでいないことを理由にさらなる規制の強化を図ってくるであろう。そのように評価されてしまえば、さらなる規制強化の口実ができるだけである。このため、JA改革の本当の目的を認識して具体的な対策を策定し、着実に実施していく取組みが重要といえる。

## ⑵　JA改革へ対応するアクションプログラム（行動計画）の策定

　前節で明らかにしたようにJA改革への対応課題を整理すれば、五つの大きな課題について着実に対応策を実践していくことに他ならない。課題を認識して毎年のアクションプログラム（行動計画）を策定して着実に実践していくことが求められる。（図3）

　この、JA改革に対応したアクションプログラムの策定と行動計画の実践は何のために行うのか。それはJA改革の本当の目的がJAの排除にあるならば、政府の批判のテーマになっている課題には対応し、さらに事業分離や利用制限などの口実を与えないためといえる。将来、信用事業を含む総合事業を継続したいのであれば、組合員と地域社会への貢献についてのJA改革に対応した行動計画を策定し、地域社会、組合員にとってのJAの存在価値を事業利用と協同活動を通じて高めていくことが必要である。

図3　ＪＡ改革の課題とアクションプログラムの策定

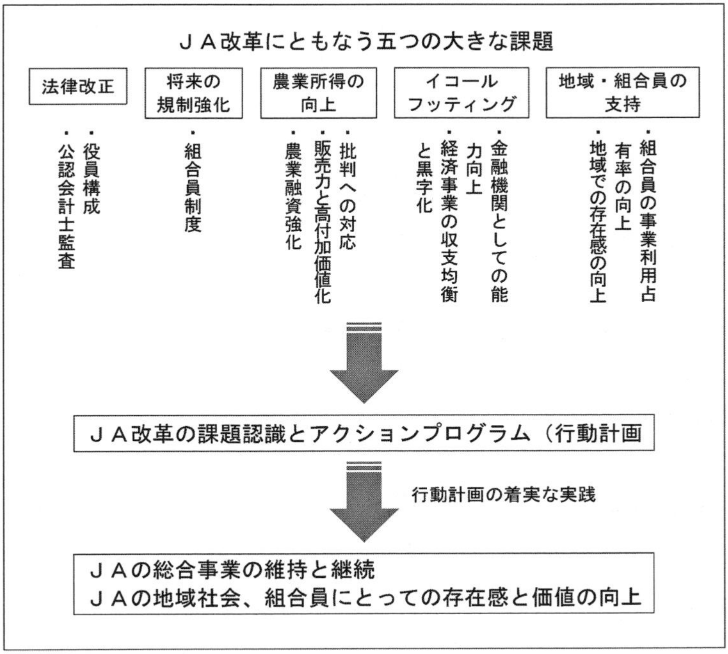

## ２．アクションプログラム（行動計画）の策定と実践

### (1)　G農協におけるアクションプログラムの策定とその目的

　ここでは実際のJAで策定されているアクションプログラム（行動計画）の内容と年次計画について紹介することにする。自らのJAのアクションプログラムの策定でも、同様な行動計画の内容が盛り込まれることになる。詳細については巻末資料１を参照されたい。

　このJAでは、役員自ら認定農業者の自宅を訪問し、生産資材価格に関しても他の競合店の価格情報を収集し、JAの提供価格との比較を行い、支店運営委員会などを通じて公開している。農業融資にも取り組み、残高が拡大し、輸出の数量も拡大しているなど、目立った成果が生まれている。

　アクションプログラムの策定と実践は、課題を明確に認識し、具体的な行動計画の策定を行い、行動することで、最終的なゴールとして何を成果として得るのかが明確になっている。

　G農協は大型のJAであるが、JA改革がもたらす影響には相当の危機感を感じており、それがJA改革に向けた行動計画の策定と実践を通じて着実な成果をあげる原動力になっている。

　アクションプログラムの実践を通して目標とするのは、地域社会と組合員にとっての存在価値を上げ、JAがないと困るということを、広く地域で認識してもらうことである。

### (2)　アクションプログラムの内容と特徴

　G農協のJAの改革に対するアクションプログラムは、以下のような点に特徴がみられる。

### ①　農業所得の向上

　農業所得の向上では、批判の高い生産資材価格については、地元の競合する生産資材販売店の価格より本当に高いのかどうかを調査・比較をして、その結果を支店運営委員会で公表して組合員に知ってもらう。さ

らにはどうしても高い生産資材に関しては入札などの手段の導入による低減も視野に入れている。

　実際に地域のホームセンターなどの資材価格とJAの供給価格を比較すると、数アイテムだけがJAの方が高く、それ以外はすべて最安値で供給されていた。この価格比較の調査結果を支店運営委員会で組合員に公開したところ、JAの資材価格は高いといった批判がなくなった。まずは事実を把握して客観的な事実を知ってもらうことが肝要である。そのうえで高い品目をどう安くしていくかといった課題について、入札など価格を安くする仕組みを提案することが必要である。

　生産資材価格が高いといった先入観が先に立って、イメージだけで批判されているケースもある。このため、まずは事実を押さえることが重要である。地域でもっとも安い供給価格で供給していても、事実を知ってもらわなければJAに対する批判は収まらない。事実認識を行えるようにすることと、知ってもらうことがこの生産資材価格の低減対応では重要といえる。

　また、このJAでは本質的な農業所得の向上策として、農産物の新たな販路開拓としてネット販売や地場流通の拡大対策も行っている。こうした新たな農産物の販路の開拓が、基本的に直接的な農業所得の増大に寄与することになる。

　地場流通の拡大では、地元野菜を地域内商工業者との連携によって販路の拡大を計画している。地域内商工業者との連携とは、地元旅館組合などとの協議を通じて地元農産物を供給する取組みであり、地元農産物の販売機会の拡大と付加価値化をJAが仲介することでJAの役割、必要性を高めていく取組みが計画されている。他業態との提携によって地場野菜の消費を旅館組合など地元の観光業と連携するなかで、地元野菜を供給する仕組みを構築しようとしている。

　このような取組みは、単に農業所得の増大だけではなく、観光業や他の地元企業にもJAが地域社会になくてはならない存在であることの意識づけにもつながってくる。さらに、産直施設を通じての地産地消による地場消費の活性化に取り組んで、地域住民、消費者も地域でJAの必

要性を実感してもらう取組みを展開している。

このように、組合員にとっても、地域社会にとっても、JAが必要不可欠な存在であることを意識してもらうことが、JA改革の現実的な対応といえる。

また、このJAでは、地域金融機関として農業融資や農業経営に対する積極的な経営支援のための人材の派遣など、農業金融に関する金融仲介機能の強化についても検討し実践している。実際に農業融資に関する要望では、担い手農家では資金ニーズが高いこと、できればJAから借入を行いたいといった要望もある。このJAでは農業金融専門部署を設置して、そうした資金ニーズに対応することで農業融資が伸長しており、着実に成果をあげてきている。

さらに、耕作放棄地を農地に再生して体験型農園を地域住民に提供して、JAや地域農業に対する理解やJAが地域の農業や生活に不可欠な存在であることを意識してもらう取組みも展開している。

自己改革の取組みのポイントは、今のJA改革で批判されている生産資材価格の引下げや農業融資、耕作放棄地などの課題に関しては、JA自らが主体的に行動し、対外的な説明が可能な対応策を展開していくこと、地域の食と農に関してJAが中心的な役割を果たして、地域社会、組合員に対して必要不可欠な存在と思われるよう対応策を講じていくことが肝要といえる。


② **農協法改正への対応**

今回の農協法改正で大きく変わった点は、認定農業者が理事の過半を占めることと公認会計士監査の義務づけと考えられる。農協法改正による事項は法律が改正されてしまった以上、対応せざるを得ないといえる。対応しなければ農協法違反となるので、ある意味では対応を義務づけられたといえる。とくに公認会計士監査証明の義務づけは、JAの総合事業の形態を維持していくうえでも重要な課題といえる。

それは、金融業を営むうえでは外部監査人の証明が不可欠になることと大いに関連している。公認会計士監査の証明が得られない場合、信用

事業は信連に譲渡しなくてはならなくなってしまう。公認会計士監査の証明が得られないJAは、信用事業譲渡によって専門農協として生きていかざるを得ないように法律上、規定されたといえる。公認会計士監査がクリアーできなければ、総合農協としての形態は維持できないような仕組みがつくられたといってもいいだろう。このため、総合農協としての形態を継続していくためには、公認会計士監査の証明が得られることが絶対的な条件といえる。

監査機構が監査法人に移行する予定であるが、このJA系監査法人が一般監査法人として継続するためには、プロの監査法人になれるかが課題になってくる。

監査法人は金融庁の監督下に置かれるため、金融庁や公認会計士協会のレビューを定期的に受けることになる。ここで不適正な会計処理に監査法人が関わっていることが明らかになれば、監査法人自体の解散などのリスクが存在する。いずれにしてもJAとしては一般監査法人、公認会計士監査をクリアーすることが総合事業を続けるうえでは絶対条件といえる。


### ③　組合員制度と事業規制強化への対応

将来、JAに対する規制強化は、准組合員の事業利用規制など組合員制度の見直しといった形で行われることが想定される。このため、現状の正組合員、准組合員の資格要件がどうなっているか、現状を把握しておくことはとても重要といえる。事業利用の制限のないのは正組合員である。今の正組合員資格要件と実際の資格要件の適合度合などをあらかじめ把握して、今の正組合員が事業利用制限にならないように定款の見直しなども行っていく必要がある。

すでに農地は所有ではなく賃貸が主となっていくことから、農地要件を外すなどの定款規定の組合員要件の見直しを行っておく必要がある。

G農協では、事業利用制限のない正組合員を増やすことを目標に、支店でも准組合員から正組合員への転換を図り、正組合員を増加させ、実際に正組合員が増える結果につながっている。いずれにしても事業利用

制限がかかれば、事業利用制限のない正組合員の事業利用がどれだけあるかがポイントになるため、正組合員の増加に向けた目標を設定して、実際に正組合員を増やすことに成功している。

　員外利用規制の強化や准組合員の事業利用制限など、組合員制度を中心とした規制強化はJAの排除が目標であれば行われる可能性が高い。そうした事態に陥ってから対応策を考えても遅い。今のうちから正組合員の資格要件はどうなっているか、実際の資格の適合状況を把握して、実態を知っておくことが対応策を考えるうえで重要である。

　定款の改正などを通じて、今まで利用してきた組合員がJAを使えないといった不利益を被らないように、具体的な対応策を構築していくが必要になっている。

## ④　イコールフッティングへの対応

　JA改革のなかでもイコールフッティング（同一の競争条件）が盛んにいわれている。米国商工会議所などが提言しているイコールフッティングとは、協同組合など特殊な組織形態の団体は株式会社に比べて優遇されており、協同組合などへの優遇措置を行うなら制限を厳しくするか、株式会社へ転換して同一の条件で競争させることを意味している。

　株式会社と同一条件での競争という点で、JAに対する規制強化などが議論されているが、総合事業を継続していくためには、同じ業態と同様の専門能力が備わっていることが重要になってくる。とくに信用事業は金融業であるため、金融機関として本当に同一の専門能力を有しているかが問われることになる。

　系統金融機関は、これまで同一グループ内での情報しかないことに加え、信連がJAの資金を吸収して運用するので、自らの金融仲介機能や運用能力、リスク管理などの高度化はあまり行われてこなかった。

　JA改革では、「金融機関として同じ能力がなければ信用事業譲渡しなさい」といわれているわけで、JAがいかに一般金融機関と同じ能力を備えていくかが大きな課題になってくる。

　一般金融機関でVaR（最大損失リスク量）にもとづく統合リスク量に

よる統合的リスク管理などはすでに2000年ごろから行われている。こうした一般金融機関で行われている統合的リスク管理を実践しているJAはごく少数にとどまっている。総合事業として金融業を継続するためには、一般金融機関と同様の統合的リスク管理を行いながら他の金融機関と異なる経済事業のリスクも可視化し、自己資本、経営体力と比べる総合的リスク管理の実践が不可欠である。

　また、他の金融機関では債務者格付などが当たり前のように行われている。信用リスク管理の高度化、管理態勢は、もっとも重視される金融庁の検査事項である。さらに自己査定のための作業ではなく、債務者格付は基礎データが入手されれば格付けによる随時査定が一般的になっている。一般金融機関では、今のJAのように自己査定が唯一の信用リスク管理の方法というのはかなり昔の話である。他の金融機関並の専門能力の具備も、このイコールフィッティングの課題では重要といえる。

　G農協では、すでに総合的リスク管理は実践しているため、その高度化が課題になっている。また、信用リスク管理の高度化に関しては、債務者格付の実施に向けた検討と実践がアクションプログラムとして掲げられている。また、支店長は貯金残高と共済保有高しか関心がないが、支店長に支店収益の重要性を認識させ、これまでの量的管理から支店単位での収益管理を重点化する取組みが課題とされている。

　さらに、イコールフッティングの課題として、経済事業の収支均衡に向けた取組みも実現できるように検討を行い、実現するようにしている。経済事業が赤字でいいという話は、信用事業分離の話があるなかでは許されない。一般企業で赤字続きであればその会社は倒産して事業は継続できない。経済事業においても赤字では事業が継続できず、いずれその事業は消滅することになる。このため、経済事業の収支均衡もイコールフッティングの大きな課題として認識されている。

## ⑤　地域、組合員に対するJAの存在感の向上

　JA改革を乗り切り、総合事業のJAとして継続していくためには、組合員、地域社会の支持をいかに得るかがもっとも必要だといえる。地

域社会、組合員がJAを必要とすれば、JA改革でJAの排除を行おうとしてもできないことになる。

　組合員にとっての必要性の向上とは、JAに対する利用者満足度の向上や利用者ニーズに的確に対応して利用者の事業利用を深化させることに他ならない。いいかえれば、組合員の事業利用のシェアを高めることである。地域社会にとっての必要性は地域内の商工業者との連携や地域住民に対して新鮮な農産物を提供するとか、市民農園の運営などさまざまな事業活動を通じてJAがなくなると困る地域住民を増やしていくことでもある。また、地域の活動や支店における協同活動の拠点として、支店が中心となって地域社会との結びつきを強めることでもある。このようなさまざまな取組みを通じて地域社会や組合員にとってJAが必要であることを高めていくことがJA改革を乗り切るうえでもっとも重要といえる。

　G農協では、組合員・利用者のニーズの見える化や満足度（CS）の見える化を通じて、より利用者満足度を高め、潜在的な利用者ニーズを分析、把握することで利用者の事業利用のシェアを高めていく仕組みの構築を行おうとしている。一般企業でいうところの顧客管理である。JAでは総合事業を展開しているが、総合事業の利用者管理、分析を行うことで利用者の見える化を図り、利用者の事業利用のなかでのJAのシェアの拡大を図ろうとしている。

　また、認定農業者や組合員の声を聞く機会も増やし、利用者の声や要望も積極的にJAとして聞いていこうとする姿勢を、JA全体、支店などの地域単位で展開しようとしていている。最終的にJA改革の集中期間を乗り越え、総合農協として将来にわたり存続していくためには、地域社会、組合員のJAに対する支持をあげていくことが重要といえる。

# 第 2 章

## イコールフッティングと総合事業

# 第 1 節

# 信用事業譲渡による影響と課題

## 1．信用事業譲渡をめぐる現状

　信用事業は、いうまでもなくJA経営の収益基盤を支える事業である。この収益基盤の事業がなくなれば、大部分のJAで経営上の影響が顕在化する。

　全米商工会議所のJAグループに対する提言の主要な主張は、JAの金融事業をなくせばJAグループ以外の民間企業にとって大きな市場が広がることに期待を示している。現状では生産資材価格の問題を取り上げているが、JAの解体と排除が目的であれば、JAの信用事業譲渡がそのうちに大きな争点になると考えられる。

　平成28年11月に発表された規制改革会議の答申では、全農の事業を一般企業に売却して組織を小さくするなど、組織解体に向けた意図が明確になっている。また、信用事業譲渡を3年以内に半分にするとの見解が示されたが、政治的な決着によって当面の信用事業譲渡はなくなったとはいえ、すでに信用事業譲渡に向けた仕組みが整えられているとみるのが現実的といえる。

　信用事業譲渡のためには、信用事業に関わる資産精査（デューデリジェンス）が必要なため、現実問題として3年で信用事業譲渡農協が半数になるということはないと考えられるが、中期的な観点からみると、現在のJA改革の仕組みからは、半数の農協が信用事業代理店を選択することも現実に起きうる。（13頁表2参照）

第2章　イコールフッティングと総合事業

## ２．信用事業譲渡による経営的影響

### (1)　漁協での信用事業譲渡の影響

　信用事業譲渡による影響を、先行する漁協の事例からみてみよう。

　データは少し古いが、信用事業譲渡後の経営の変化をみるのには格好のデータといえる（表４、５）。

　　表４　信用事業譲渡漁協と実施漁協の生産性比較（１組合平均ベース）

| | | 譲渡漁協／実施漁協 | | | |
|---|---|---|---|---|---|
| 年度 | | 1997 | 1998 | 1999 | 2000 |
| 正組合員数 | | 0.98 | 0.95 | 0.88 | 0.84 |
| 常勤役員および職員数 | | 1.05 | 1.68 | 0.92 | 0.97 |
| 労働生産性 | 信用事業 | … | … | … | … |
| | 販売事業 | 0.67 | 0.76 | 0.45 | 0.62 |
| | 購買事業 | 0.58 | 0.66 | 0.70 | 0.71 |
| | その他敬愛事業 | 1.26 | 0.70 | 0.53 | 0.68 |
| | その他（共済・指導） | 0.38 | 0.49 | 0.43 | 0.67 |
| | 計（管理を含む） | 0.74 | 0.37 | 0.54 | 0.68 |

資料　全漁連「漁協財務収支構造実態調査報告書」（1997～2000年度）
（注）　１．労働生産性＝各事業の事業収益／各事業の担当職員数
　　　　２．＊印については、特定漁協の影響（職員50名以上の漁協が６組合含まれる）との全漁連補足説明あり。

　　表５　信用事業譲渡漁協と実施漁協の経営格差（単位　千円）

| | | 譲渡漁協－実施漁協 | | | |
|---|---|---|---|---|---|
| 年度 | | 1997 | 1998 | 1999 | 2000 |
| 事業収益 | | △ 120,145 | △ 247,253 | △ 414,464 | △ 220,884 |
| | 信用事業 | △ 56,647 | △ 40,190 | △ 44,266 | △ 31,741 |
| | 販売事業 | △ 27,735 | △ 42,531 | △ 131,934 | △ 75,731 |
| | 購買事業 | △ 57,093 | △ 96,326 | △ 144,751 | △ 94,170 |
| | その他敬愛事業 | 49,867 | △ 44,299 | △ 62,939 | 64 |
| | その他（共済・指導） | △ 28,137 | △ 23,907 | △ 30,574 | △ 19,308 |
| 事業直接費 | | △ 105,337 | △ 210,625 | △ 367,139 | △ 208,314 |
| 事業総利益 | | △ 14,807 | △ 36,648 | △ 47,325 | △ 12,570 |
| 事業管理費 | | △ 15,331 | △ 30,518 | △ 20,226 | △ 7,611 |
| 事業利益 | | 523 | △ 6,131 | △ 27,099 | △ 4,960 |
| 差引財務終始 | | △ 6,238 | △ 2,402 | △ 3,110 | △ 2,980 |
| 差引事業外収支 | | 5,997 | 10,771 | 13,014 | 2,213 |
| 経常利益 | | 281 | 2,240 | △ 17,195 | △ 5,727 |

資料　全漁連「漁協財務収支構造実態調査報告書」（1997～2000年度）
（注）　信用事業譲渡漁協（１組合平均）の数値から信用事業実施漁協（同）の数値を差し引いて算出。

55

信用事業譲渡を行った漁協と総合事業を行っている漁協の労働生産性の格差をみると、信用事業譲渡した漁協では総合事業を営む漁協と比べて労働生産性は0.68と３割程度低い。このことは、信用事業譲渡した漁協の利益が低下しているため、労働生産性が約３割も低下していることを示している。

　収益面で総合事業を営む漁協と信用事業譲渡した漁協と比較すると、事業総利益で220,884千円も事業総利益が低い。また、信用事業譲渡を行った漁協では事業管理費の削減を継続的に行っており、事業管理費の削減を行っても経営収支の面では総合事業を行っている漁協に比べて劣後している状況がみてとれる。

　信用事業譲渡した漁協では収益低下が生じてしまい、人件費の圧縮など縮小均衡を続けなければならなくなるとみられる。人件費などの削減を続ければ機能の縮小や事業からの撤退などを余儀なくされる。

　信用事業譲渡になれば、基本的には採算のとれない事業はやめざるを得ないと思われる。JA改革の目的がJAの排除であるならば、信用事業譲渡は政策側にとって極めて有効な手段であると考えられる。

　漁協の資金量等はJAに比べて小さいため、JAの場合の信用事業譲渡の経営的な影響はJAではさらに大きくなるとみられる。いずれにしても、JAにおける信用事業譲渡の選択は個々の経営を縮小均衡に向かわせることになると推測される。

## (2)　信用事業譲渡による資産規模の縮小

　JAの信用事業譲渡のスキームは、現時点では明らかになっていない。このため、具体的な影響については、あくまでも仮定の話としてみていくことにする。

　信用事業譲渡では、JAの信用事業に関わる資産、負債のすべてが信連もしくは農林中金へ譲渡される。このため、現在の貸借対照表のなかから、信用事業に関わる貯金、預金、貸出金、有価証券の残高がなくなることになる。これを実際のJAの貸借対照表を基に信用事業譲渡後の資産規模でみると、日本で有数の大規模JAでも資産規模が約10分の1

に縮小することになる（図4）。

　これは内部留保が多いJAの事例であるが、内部留保が少なく信用事業以外での運用が多いJAでは、他部門運用の資金は事実上の借入として負債が増加し、純資産規模はさらに縮小することになる。経済事業が赤字であれば、将来的に経済事業に関わる損益を改善しない限り、資産規模の縮小が続き、毎年、資産規模が縮小することになる。

　実際、あるJAで検証したところ、現状では1,832億円の資産規模であるが、信用事業譲渡後には260億円まで資産規模が縮小することになった。この事例でも、信用事業譲渡後の資産規模の縮小は大規模JAでもみられたのと同様に10分の１程度に縮小する。事実上、その他資産は経済事業に関わる資産が大半を占めると考えられるが、この資産のファイナンスを考えると、その他負債と資本で賄えている場合は良いが、それを超える場合には信連や農林中金からの借入など新たなファイナンスが必要になる。結果として、このJAの場合では、信用事業譲渡後に45億円ほどの借入を行わなければ事業の運営ができないことになる（図5）。

　このように、信用事業譲渡後のJAでは、どこのJAでも大幅な資産の縮小が生じることになる。この大幅な資産規模の縮小が中長期の信用事業譲渡後のJAの信用事業の収支にどのように影響を及ぼすかは未知数であるが、おそらく利用者にとっては信用事業譲渡前と比べて大きな

**図4　大規模化JA（Y農協）における信用事業譲渡後の資産構成変化**

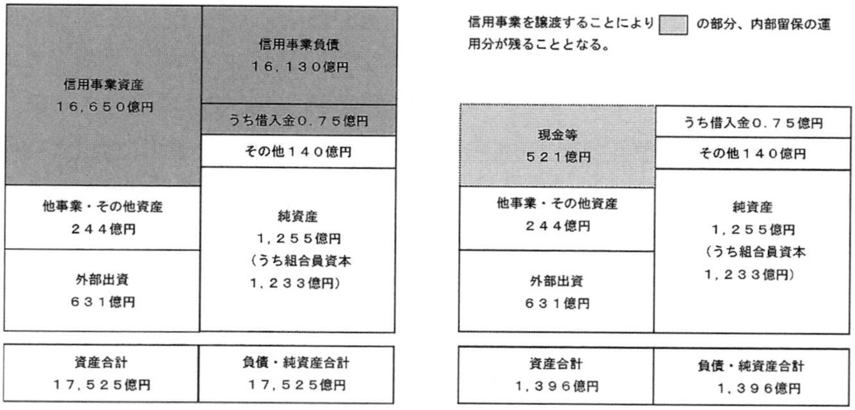

信用事業を譲渡することにより　　　　の部分、内部留保の運用分が残ることとなる。

| | |
|---|---|
| 信用事業資産 16,650億円 | 信用事業負債 16,130億円 |
| | うち借入金0.75億円 |
| | その他140億円 |
| 他事業・その他資産 244億円 | 純資産 1,255億円 （うち組合員資本 1,233億円） |
| 外部出資 631億円 | |
| 資産合計 17,525億円 | 負債・純資産合計 17,525億円 |

| | |
|---|---|
| 現金等 521億円 | うち借入金0.75億円 |
| | その他140億円 |
| 他事業・その他資産 244億円 | 純資産 1,255億円 （うち組合員資本 1,233億円） |
| 外部出資 631億円 | |
| 資産合計 1,396億円 | 負債・純資産合計 1,396億円 |

利用ギャップが存在することになるであろう。信用事業譲渡前のJAと同じように組合員が利用してくれれば良いが、そうでなければ先行する漁協などの事例と同様に、次第に信用事業譲渡後の収益の低下が生じるとみられる。

さらに、他部門運用が多いJAでは、信連や農林中金からの借入が増加し、他部門運用のための資金利息などの経費が新たに増加するとみられる。また、これまでJAが組合員の農産物の販売などに関わる振込手数料等は組合員への配慮から徴収していない場合が多いが、信用事業が信連や農林中金の代理店になると、想定外の負担が組合員に生じる可能性もある。

信用事業譲渡前のJAの資産規模に比べて、事業譲渡後のJAでは資産規模では二つの事例でもみられるように、かなり縮小することになる。さらに農業のウエートが大きく他部門運用の多いJAでは、新たな負債、借入が発生し、より純資産の縮小が起きると考えられる。

また、他部門運用の多いJAは、経営基盤や財務体質上、あまり余裕のないJAが該当している。他部門運用の多いJAは、信用譲渡にとも

図5　他部門運用にあるJAにおける信用事業譲渡時の運転資金

&lt;K農協&gt;

| | 資産 | 負債 | 純資産 |
|---|---|---|---|
| 財務状況 | 183,157,705 | 172,174,726 | 10,982,979 |
| | 内信用事業資産 157,109,175 | 内信用事業負債 158,399,138 | 内組合員資本 7,810,388 |
| | 内その他資産 26,048,530 | 内その他負債 13,775,588 | 内評価・換算差額等 3,172,591 |

※　信用事業負債からは借入金を除きその他負債に加算

**信用事業資産・負債控除による運転資金計算**

| 運転資金計算 | その他資産 26,048,530 | − | その他負債 13,775,588 | = | 資金不足 12,272,942 |
|---|---|---|---|---|---|

| 運転資金計算(2)(組合員資本加算) | その他資産 26,048,530 | − | その他負債 13,775,588 | + | 組合員資本 7,810,388 |
|---|---|---|---|---|---|

| | | | | = | 資金不足 446,554 |
|---|---|---|---|---|---|

なう新たな借入に関して、仮に経済事業が赤字である場合には、借り入れた資金の返済ができないといった事態に陥ると推測される。そのようなJAに、信連や農林中金が本当に資金を提供するであろうか。

こうしたことを考えると、内部留保がなく他部門運用の多いJAでは、人員の整理や合理化を行い、経済事業で借入資金の返済が可能になるように大幅な合理化が必要になってくる。

現実離れしたスキームに乗れば、とくに内部留保が少なく他部門運用の多いJAでは、大幅な合理化による組織の縮小と消滅に向けたレールがひかれることになる。農業のウエートの大きいJA、すなわちJA改革では理想的なJAの方が、現状では信用事業譲渡後の組織の基盤と存在に関わる大きな問題になるといえる。

繰り返しになるが、JA改革でいう農業のウエートの多いJAほど、信用事業譲渡後では大幅な合理化を行わなければ将来の存立はないといえる。

## (3) 信用事業譲渡による経営的影響

信用事業譲渡によって、当然のことながら収支は今までと大きく変わってくる。そこで信用事業譲渡のスキームについて、仮定を置いて影響について試算してみることにする。ここでの試算はあくまでもどれだけ影響を受けるかをみるための分析事例であり、簡易の分析であることをあらかじめお断りしておく。実際には、代理店手数料が公表された段階で見直しが必要である。

信用事業譲渡の影響試算では、いくつかの信用事業譲渡の事例が出ているので、それらの事例を参考に次のような仮定を置いてみた。

---

【仮定】（次頁表6参照）

・貯金残高に対する代理店手数料は、0.306％とする

・貸出のうち住宅ローンは、利息収入の70％が還元される

・事業性資金は、利息収入の30％が還元される

・年金獲得等のインセンティブ還元施策は、考慮しない

---

この前提で経営的な影響をみると、従来通りの収益水準を獲得しようとした場合、管理費の大幅な圧縮は避けられない。管理費の削減を人員の圧縮で収支均衡状態にするためには、82人の人員削減が必要であり、一定の収益水準を維持しようとした場合にはより大幅な150人以上の要員削減が必要になり、信用事業の現職員数以上の削減が必要になる。

さらに他部門運用が多い場合には、信連や農林中金から借り入れせざるを得ず、その支払い利息も新たな負担となる。これは経済事業に赤字部門があったり、営農指導のような収益を生まない事業がある場合には直接の費用負担になるため、他部門運用が多いJAほど厳しい結果になると想定される。

### (4) 信用事業譲渡にともなう経営的な影響と課題

信用事業譲渡を選択した場合の影響を経営的な側面からみると、代理店手数料の水準にもよるが、大幅な管理費の圧縮は避けられないと想定される。いずれにしても信用事業譲渡を選択する場合には、内部留保を高めて他部門運用の割合を減らし、さらには経済部門の赤字の解消を図る必要がある。

信用事業譲渡に関しては、自ら選択する場合もあるが、平成31年度からの公認会計士監査による証明について、仮に証明が得られない場合、自動的に信用事業譲渡を選択せざるを得なくなるであろう。いってみればJA改革のなかで、信用事業譲渡の選択に向けた仕組みが用意されていると考えていいだろう。

いずれにしても、信用事業譲渡と大きな経営的な選択をする場合には、内部留保を高め、経済事業の赤字を解消しておくことは、どのJAにおいても求められる対応である。経済事業の赤字解消や内部留保の積み上げなどを行わなければ、信用事業譲渡後に縮小均衡に向かわざるを得ないと考えられる。

表6　信用事業譲渡時の損益シミュレーション

1．信用事業を譲渡した際の代理店手数料は、代理店が取扱う貯金・

貸出金等によって得られる収益から、連合会が負担する管理コストを差し引いた後の水準で支払われる。

代理店 JA における手数料イメージ

 (1) 貯金手数料

   貯金平残×手数料率

 (2) 貸出金手数料

   貸出金平残×貸出金利×配分割合

 (3) インセンティブ

   年金・給振等の獲得件数×所定金額

2．当組合の平成27年度決算結果をもとに平成31年度に信用事業を譲渡し、代理店となったと仮定した場合の損益シミュレーションを実施した結果、以下の通りとなった。（インセンティブは、考慮しないで試算）

**〈代理店手数料の試算〉**

【前提条件】

 ①平成31年度の貯金平均残高は、164,131,281千円

 ②平成31年度の貸出金平均残高は、43,503,114千円

  住宅ローン平均残高　17,697,893千円

  その他貸付平均残高　25,805,221千円

 ③貯金手数料率は0.306％と仮定した。

 ④貸出金の手数料配分割合は、住宅ローン70％、その他貸付金30％と仮定した。

【貯金代理店手数料の算出】

 A 貯金平均残高　164,131,281千円

 B A×手数料率（0.306％）＝502,241千円

  502,241千円が貯金代理店手数料として当組合に支払われる。

【貸出金代理店手数料の算出】

  a 住宅ローン平均残高17,697,893千円

  b a×平均利回り（1.473％）×配分割合（70％）＝182,483千円

  c その他貸付平均残高　25,805,221千円

d　c×平均利回り（1.473％）×配分割合（30％）＝114,033千円

　b＋dの296,516千円が貸出金代理店手数料として当組合に支払われる。

　貸出金代理店手数料シミュレーションでは、JAの自己査定が正確であるという前提で実施しており、信連の資産査定の結果によっては、譲渡できない債権も出てくる場合もある。

　また、貸出金は現状の平均残高が維持された場合のシミュレーションであり、残高が減少すると手数料は減少する。

【事業利益の影響額の算出】

Ⅰ　B＋b＋d＝798,757千円が信用事業部門の総利益となる。

Ⅱ　平成27年度の信用事業総利益は、1,123,976千円であった。

Ⅲ　Ⅱ－Ⅰ＝ 325,219千円が、信用事業総利益の減少額となる。

Ⅳ　平成31年度の事業利益は、△26,446千円であり、信用事業総利益の減少額325,219千円を差し引くと、△351,665千円となり、さらに運転資金不足の借入利息42,394千円が新たなコスト（後述）として発生するため、合計△394,059千円の赤字に転落する結果となった。

【人員削減への影響の算出】

①　平成27年度職員の人件費の平均額は、4,811千円であった。（期末職員数569人で職員人件費を除した額、農林年金特例業務負担金引当金戻入除く）

②　収支を均衡（事業利益がゼロ）に保つためには、
　　394,059千円 ÷ 4,811千円 ＝ 81.90人
　　82人の人員削減が必要となる。事業利益を3億円安定的に確保するためには、150人（全職員数の約26％に相当）以上の人員削減が必要となると思われる。人員削減を実施しない場合は、人件費水準を26％以上削減する必要があると考えられる。

③　代理店手数料を得るためには、信用部門に一定の人員（渉外・窓口）を配置する必要があり、人員削減は他部門に及ぶ可能性もある。

④　信用部門に留まらずJA全体に影響が及ぶと考えられ、各事業は撤退、廃止または縮小傾向になると予測される。

3．営農経済事業における運転資金の考え方

　JAの営農経済事業部門では、JAに貯金があることから、これまで運転資金の問題はまったくなかった。しかし、代理店になった場合、JAには貯金がなくなることから、運転資金の借入が必要となり、借入利息という新たなコストが発生する。

　当組合における借入金利息のシミュレーションを平成27年度末の財務を用いて行った結果、以下の通りとなった。

①　貸借対照表の信用事業資産157,109,175千円を控除した結果、資産合計は、183,157,705千円から26,048,530千円となった。

②　貸借対照表の信用事業負債161,581,417千円のうち、借入金3,182,279千円を残し、その他158,399,138千円を控除した結果、負債合計は172,174,726千円から13,775,588千円となった。

③　控除後の資産26,048,530千円から、控除後の負債13,775,588千円を差し引くと、12,272,942千円となり、同額の運転資金が不足することとなる。

④　運転資金不足額12,272,942千円を金利0.95％で信連より借入を行った場合、毎年116,592千円の支払利息が発生する。
（信連の借入利息は、長期事業資金の現行利率を使用した。）

⑤　なお、当組合は、組合員資本7,810,388千円を保有しており、運転資金の不足額から差し引くと4,462,554千円を当面の運転資金として確保する必要があり、この場合、年42,394千円の支払利息が発生する計算になるが、現実の運用では、資金に余裕を持った対応が必要であり、借入額及び支払利息は、さらに増加することになる。

# 第2節

# JA改革と信用事業の
# イコールフィッティング

## 1．JA改革におけるイコールフッティング

　JA改革でいわれるイコールフッティングとは、とくに金融事業に関連して他の金融機関に比べて同様な機能を持っているかどうかといったことが問われている。信用事業譲渡との関連では、JAは他の金融機関と同様の機能や能力を有していないので、信用事業を譲渡した方がいいとの考え方が根底にある。また、共済事業に関しても、農協共済だけの代理店に限られるといったことも課題になってくると思われる。

　信用事業譲渡との関連では、JAの総合事業を維持していくためにも、金融機関としての能力向上や同等のリスク管理の実践は不可欠であるといえる。農水省も地銀、信金並の能力があれば、JAの信用事業を認めるといわれている。

　このため、JAバンクでも、地銀、信金並みを目標に内部統制の整備等も方針として打ち出している。また、他の金融機関ではすでに融資と審査を分けるなどの態勢は常識的なことではあるが、こうした他の金融機関と同じ態勢がとれないJAについては、体制整備の未整備などによって要改善JAやレベル格付などを行うとしている。

　信用事業でいうイコールフッティングの課題は、他の金融機関並みが基準で、それが実現できないところは信用事業譲渡などを選択せざるを得なくなるなど、今後、影響が顕在化していくことになる。イコールフッティングの課題は、JAの地域金融機関としての能力向上が本来の課題ではあるが、JA改革においては、金融機関としての能力向上という

図6　信用事業譲渡の形態

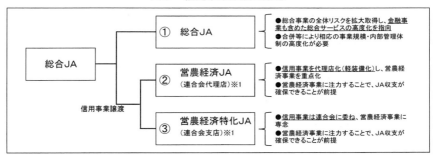

よりは、体制整備と絡ませて、合併の促進や信用事業譲渡を進める意味合いが大きいと思われる。（図6）

## 2．JA の地域金融機関としてのイコールフッティング

### (1) 地域金融機関としてのベンチマーク

　平成28年9月に金融庁より「金融仲介機能のベンチマーク」（以下、巻末参考資料参照）が公表されている。このベンチマークでは、地域金融機関に求められる共通ベンチマークとして、①取引先企業の経営改善や成長力の強化、②取引先企業の抜本的事業再生等による生産性の向上、③担保・保証依存の融資姿勢からの転換を設定している。

　また、選択ベンチマークとして、①地域へのコミットメント・地域企業とのリレーション、②事業性評価に基づく融資等、担保・保証に過度に依存しない融資、③本業（企業価値の向上）支援・企業のライフステージに応じたソリューションの提供、④経営人材支援、⑤迅速なサービスの提供等顧客ニーズに基づいたサービスの提供、⑥業務推進体制、⑦支店の業績評価、⑧個人の業績評価、⑨人材育成、⑩外部専門家の活用、⑪他の金融機関及び中小企業支援策との連携、⑫収益管理態勢、⑬事業戦略における位置づけ、⑭ガバナンスの発揮が掲げられている。

　このベンチマークの発表以降、地域金融機関で金融仲介機能の達成度合いをホームページやディスクロジャー誌を通じて公表する動きが活発

化している。地銀は当然として、信用金庫でも鹿児島信用金庫が、信用組合でも長野県信用組合なども、このベンチマークに沿った地域金融機関としての達成度合いを公表している。

こうした金融庁の動きや地域金融機関の対応の動きをみると、地域における金融仲介機能をいかに果たしているかが、地域金融機関としての役割としてもっとも重視される方向にあるといえる。金融庁の検査においても、単に債務者区分があっているかどうかではなく、今後は地域金融機関として金融仲介機能を十分に果たしているかどうかが問われることになる。JAについても、地域金融機関である以上、地域における資金需要に応じた金融仲介機能の発揮など、これまで以上に地域になくてはならない金融機関としての地位を明確にしていく必要がある。

JAが地域金融機関として機能を果たしていくためには、現状の担保主義による貸出ではなく、貸出先の返済能力や事業、ビジネスモデルを評価して、担保だけではない与信を行うことが求められてくる。JAの貸出は、保証協会をパスしたものには貸出を行い、通らないものは謝絶するといった形が多い。確かにデフォルト（債務不履行時）の損失を被らないほうが良いが、一定のリスクをとらない限り金融収益は守れない。

地域社会から必要とされる金融機関とみられることが、JAの信用事業を守っていくためにも重要といえる。

農業融資にしろ、賃貸住宅経営でも、担保ではデフォルト時の損失をカバーできない。貸出先がデフォルトしないように普段から相手先の悩みを親身に聞いて経営改善に向けたアドバイスを行うことで、JAの信頼は揺るぎのないものになるといえる（途上管理の重視）。また、地域再生に向けてJAも金融面から貢献していくことが求められている。

ベンチマークでは、融資を中心とした金融仲介機能を果たし、地域再生を果たしていくためには、担保主義ではなく、相手の信用力を見極める能力を高めることが求められている。JAでいえば、審査能力を向上させ、債務者格付など信用リスク管理の高度化によってデフォルトリスクを最小限にして、地域再生に向けた新たな資金をいかに供給できるかが課題になってくる。

また、収益管理の見直しや業績評価などにも言及しており、これまでのJAの信用事業において、貯金だけを増やせば融資は他行にとられてもいいといった考え方から、いかに金融仲介機能と地域で必要とされる金融機関になっていくか、貸したら終わりではなく、貸出先の途上管理も含めて今までの信用事業の考え方を大幅に変えていくことが、今後、地域金融機関としてJAが存在していく鍵といえよう。

## (2)　事業分量から事業収益重視への転換

　JA改革におけるイコールフッティングへの課題は、現在のところ信用事業における体制整備を中心に、合併や信用事業譲渡の促進などのために掲げられている側面が大きい。

　単に形だけを整えても、地銀、信金並の地域金融機関として機能を備えるためには、金融庁の仲介機能のベンチマークでも示されているように、これまでのJAの考え方を大幅に変えなければむずかしい。

　世間と同等の地域金融機関としてJAが認められるためには、まず、これまで事業分量を中心に考えてきた考え方を、収益中心の考え方に変えるなど、大幅な発想の転換が必要である。支店の収益が落ちても貯金が集まっていればいいといった考え方を、根本的に変えていく必要がある。

　貯金の金利を金利キャンペーンで高くすれば、当然、貯金は集まる。しかし、貯金だけを集めても運用ができなければ支店の収益や信用事業の利益は低下する。信用事業収益の基は、運用収益から調達コストを差し引いたものが資金収支になる。この資金収支をいかに拡大させていくかが支店長の責務であり、支店の職員の目標にならなければいけない。当然に支店収益を拡大させていくためには、調達コストを下げ、貸出など現場での金融仲介機能を果たしていくためにどうするかを考えなければならない。

　JAの支店では、貯金キャンペーンで貯金を集めるのが主力で、貸出はローンセンター任せといった形態が多い。他の金融機関ではいかに支店収益を上げるかが課題であり、収益確保が支店長に課されている。このため、銀行の支店長は大口の融資について自ら営業を展開し、融資を

獲得していくのが通常である。

　また、融資を行ったら融資実行以降、訪問しないで貸しっぱなしということではなく、定期的に途上管理を行ってアドバイスなどを行っている。金融仲介機能とは、単に融資するだけではなく、利用者に寄り添ってアドバイスするなど、アドバイザリー機能をいかに発揮できるかが重要である。JA について金融のイコールフッティングの課題や対応を考える際に重要なのは、事業分量ではなく、収益の獲得を一番の柱に考え方を転換できるかどうかであり、出発点であると考える。

　表7は、実際の支店別の信用事業の収益管理で、対前年の資金収支を分析したものである。

　これをみると、この支店では貯金の平残は下がっているため、前年に比べて貯金の調達コストは3,618千円下がっている。内訳をみると平残が減少したために調達が759千円減少したが、金利の低下によって2,859千円の調達コストの削減ができている。

　一方で、運用面では、貯金が信連預金に預けられると考えると預金での利回りは量と金利低下も相まって預金からの収益は低下し、貸出の平残も減少したが、利回りの維持や向上を行ったために運用面では1,472千円の低下にとどまり、運用と調達の差である資金収支は2,146千円の拡大につながっている。

　このように、支店において意識的に調達コストを下げることや貸出金利を維持していくことを実践するなかで、対前年より資金収支を拡大させることに成功している。現場段階で資金収支をいかに維持していくかを考え、実践することで、金利低下の環境下にあっても収益拡大に貢献することができる。

　さらに支店の資金収支を拡大させていくためには、最終的に支店段階での運用である貸出をいかに伸ばしていくか、地域金融機関として自立していくかが課題になってくる。支店などの現場において、収益、資金収支を第一に考えて、最終的に担保主義だけではない金融仲介機能を果たしていけるかが、地域金融機関としての JA のこれからの役割ではないだろうか。

表7 支店におけるVR分析

○○支店資金収支・利鞘の状況（29年3月末）

(単位：百万円、%)

| | 平成27年度3月末実績(A) | | | 平成28年度3月末実績(B) | | | 前年同月比(B)－(A) | | |
|---|---|---|---|---|---|---|---|---|---|
| | 平残① | 利回り | 利息(千円) | 平残 | 利回り② | 利息(千円) | 平残③ | 利回り④ | 利息(千円) |
| 調達計(1) | 23,499 | 0.0961 | 22,645 | 22,984 | 0.0825 | 18,966 | ▲514 | ▲0 | ▲3,680 |
| 当座性貯金 | 6,923 | 0.0018 | 1,234 | 7,050 | 0.0001 | 63 | 127 | ▲0 | ▲1,171 |
| 定期性貯金 | 16,575 | 0.1288 | 21,411 | 15,935 | 0.1186 | 18,903 | ▲641 | ▲0 | ▲2,509 |
| 運用計(2) | 23,499 | 0.8204 | 193,312 | 22,984 | 0.8324 | 191,312 | ▲514 | 0 | ▲2,000 |
| 預金 ※(貯金-貸出金) | 18,775 | 0.5632 | 106,030 | 18,368 | 0.5467 | 100,419 | ▲407 | ▲0 | ▲5,611 |
| 貸出金 | 4,724 | 1.8427 | 87,282 | 4,616 | 1.9690 | 90,893 | 108 | 0 | 3,611 |
| 資金収支(2)-(1) | | | 170,667 | 20.1 | | 172,346 | | ① | 1,680 |

※預金平残は「貯金平残-貸出平残」とし、JA計の預金利回りから利息を算出しています。

| | | | |
|---|---|---|---|
| 貯預利鞘 | 0.4671 | 0.4642 | ▲0.0029 |
| 貯貸利鞘 | 1.7465 | 1.8865 | 0.1400 |
| 貯貸率（平残） | 20.1 | 20.1 | 0 |

[VR要因分析] ※V＝量、R＝利回り

| | 前年度比 | | | 利回量 | | |
|---|---|---|---|---|---|---|
| | 量②×③ | 利回り①×④ | 計(千円) | 支店⑤ | JA全体⑥ | ⑤-⑥ |
| 調達計 | ▲759 | ▲2,919 | ▲3,680 | 0.08250 | 0.08050 | 0.0020 |
| 当座性貯金 | 1 | ▲1,170 | ▲1,171 | 0.00009 | 0.00009 | 0.0000 |
| 定期性貯金 | ▲760 | ▲1,749 | ▲2,509 | 0.11860 | 0.11510 | 0.0035 |
| 運用計 | ▲4,341 | 2,341 | ▲2,000 | 0.83240 | 0.76840 | 0.0640 |
| 預金 | ▲2,223 | ▲3,388 | ▲5,611 | 0.54670 | 0.54670 | 0.0000 |
| 貸出金 | 2,118 | 5,729 | 3,611 | 1.96900 | 1.65690 | 0.3121 |
| 資金収支 | ▲3,582 | 5,260 | ① 1,680 | | | |

## ⑶ 債務者格付と随時査定への移行

　すでに大部分の金融機関では、自己査定を12月末基準で行い、決算までに自己査定を集中的に行うといった形態は過去のものになりつつある。これは債務者格付という共通の尺度によって、新たな申告書や財務諸表が入手できればその段階で融資先を債務者格付による評価を行い、それが基になって自己査定を行うため、一定期間に作業が集中するといったことがなくなっているからである。現在では、債務者格付による随時査定に移行している金融機関がほとんどである。

　一方、JA では、いまだに支店が1次査定として評価を年末に行い、集中的に作業を行っている。また、支店に貸出先が割り当てられているものの、ローンセンターなどが貸出を行っているために、債務者の状況把握も作業にあわせて行っているのが実情と想定される。

　支店で貸出を行っていないため、または貸したら終わりで途上管理も十分でないため、債務者区分の判断理由などが同じコメントになっている状況をよく現場でみる。支店で貸しているといった意識がない限り、いくら検査や監査で指摘されても、なぜこの債務者区分なのか、どのような折衝をしたのかといった途上管理も十分に支店で説明できる状況になっていない。

　担保に頼らず相手先を評価して地域における金融仲介機能を果たせといわれても、支店収益の重要性を認識していない状況では、貸出先を自ら開拓する行動にはつながらない。さらに、担保に頼らない貸出といっても、一定の基準がなければ、貸出先の信用状況を評価して資金使途を確認し、その将来の成長性を評価できない。

　貸出の審査能力がないから集中的にローンセンターに任せ、支店など現場で貸出先を開拓してこなかったことが、低金利下で JA だけが貸出残高を落としている要因ではなかろうか。

　他行と同じような能力を有しない限り、保証や担保だけに頼り、貸出を伸ばしていくことはむずかしい。他行も財務分析や専門能力を有した職員がたくさんいる訳ではない。債務者格付など信用状況を評価する共通のものさしがあって、さらに定量的な評価だけではなく、将来性など

定性評価を行い、債務者格付などの信用状況の共通の評価によって融資の実行を行っている。

信用格付の結果は、銀行の取引先に対する融資スタンスを決定する根拠になってくる。多くの銀行は、信用格付の結果を「12ランク」程度に分類している。たとえば「○○社は1格」「△△社は5格」という具合で、数字が若いほど格付が高いものになっている。そしてその格付と債務者区分を連動させ、融資をどのように行っていくのかスタンスを決定している。多くは、表8のような取引方針（A〜E）を決定している。

また他行では、債務者格付と担保の充足率のマトリックスのなかで、どこまで金利を引き下げられるかが権限として決まっている。（図7）支店長決裁でどこまで金利を下げられるかも決まっている。権限委譲の範囲も明確に決まっているので、その範囲で貸出を行うかどうかも即座に決めることができる。

このように銀行内部でのルールが確立しており、債務者格付を把握してどこまで担保を充足するかも決まっているため、JAのように信用力の高い人に家屋敷まで担保に出して下さいといったことはない。

今後、上部団体の還元水準も下がり、信用事業の収益水準の維持が難しくなるなかでJA全体の貸出の共通の尺度を設定して地域に必要な資金の提供を行い、自己運用としての貸出の伸長を図っていくことは、

表8　債務者格付と融資方針

| 信用格付ランク | 取引方針 |
| --- | --- |
| 正常先（1格・2格） | A（積極的推進方針） |
| 正常先（3格・4格） | B（推進方針） |
| 正常先（5格・6格） | C（現状維持方針） |
| 要注意先（7格） | C（現状維持方針） |
| 要注意先（8格） | D（消極方針） |
| 要管理先（9格） | D（消極方針） |
| 破綻懸念先（10格） | E（取引解消方針） |
| 実質破綻先（11格） | E（取引解消方針） |
| 破綻先（12格） | E（取引解消方針） |

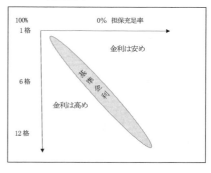

図7　債務者格付と担保充足率による審査基準

JA が地域から必要とされる地域金融機関として生きていくためにも必要である。JA が地域金融機関として期待される金融仲介機能を果たしていくためにも、今までの担保主義などの意識の転換と仕組みの構築が必要といえる。

## 3．イコールフッティングへの対応課題

　現在の地銀、信金並みといったことを背景にイコールフッティングへの対応課題がクローズアップされてきているが、形だけ整えても機能や中身がともなわなければ地銀、信金並の機能を果たしているとはいえないであろう。JA バンクの体制整備基準の見直しが地銀・信金並みを目標に行われるが、今の体制整備の課題は、金融機関としての機能整備というよりも合併や信用事業譲渡を促進する意味合いが強いと考えられる。

　地域における金融仲介機能を中心に強化していくためには、まずはこれまでの事業分量主義ではなく、収益重視の考え方に全体が変わること、さらには金融仲介機能に関して担保・保証主義ではなく、貸出先の信用状況を把握する共通尺度を設定して、相手先の信用状況を評価して貸出を行うなど、金融仲介機能を強化していくことが必要である。

　さらに他の金融機関では、統合的リスク管理（リスクの計量化、見える化）を行い、自己資本や経営体力と比べて大丈夫な範疇にあるのかどうかをいつも確認している。最大損失リスク量（VaR）を共通尺度として最大限可能性のあるリスクについて、金利リスクだけではなく信用リスクも統合して最大限の損失の可能性のある金額と自己資本を比べて自己資本が十分であることが説明できるようになっている。（図8参照）

　自分の自己資本が十分であることが説明できない他の金融機関はない。JA は総合事業を営んでいるため、信用事業だけではなく、経済事業のリスクもあわせた自己資本の十分性を説明できる総合的リスク管理の実践が必要である。経済事業における潜在的な減損リスクや収支ロスのリスクなどを可視化して、信用事業のリスクとあわせて自己資本が大丈夫なことを説明していく必要がある。

　また、リスクの可視化は経営改革を行う際にも重要である。それはリ

スクが可視化、数値で表されていれば、その数値をベースにリスクの削減や収支シミュレーションも可能になってくるからである。

　地銀、信金並みの金融機関を目指せといわれても、形だけの整備ではなく、地域金融機関としてJAが必要とされる地域の金融機関になっていくことが求められる。今までのJAの事業分量主義や担保・保証主義といったJAの経営文化を、収益重視、担保・保証に依らない金融仲介機能、他行並みのリスク管理態勢に変えていけるかどうかが、総合事業を営むJAの地域金融機関として生き残る道ではなかろうか。

図8　総合的リスク管理による自己資本の説明例

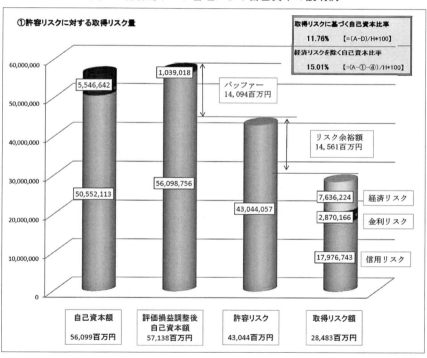

# 第3節

# 債務者格付とＪＡ金融の高度化

## 1．信用リスクと農協経営

　JAの信用事業のうち、実際の損失でもっとも影響が大きいのは信用リスクである。信用リスクは、貸出先の倒産など一度リスクが顕在化すると、それにともない損失計上もしくは自己査定上、貸倒引当金の計上が迫られ、その損失額または引当金額が大きい場合には当期剰余金が赤字に陥ったり、場合によっては経営の継続性に影響を与える可能性がある。

　とくに信用リスクは、サププライム問題にみられるように、大きく顕在化すれば経営の根幹に関わるリスクであり、リスク管理上、もっとも重要なリスクである。金利リスクで経営困難に陥った例は聞かないが、不良債権で経営困難や事実上の吸収合併になったJAはこれまで複数存在する。

　「JAの貸出は、担保主義や保証つきで大部分の貸出を行っているため、信用リスクはない」と思っている関係者がいるが、実際には貸出先が倒産すると、フル保全であっても損失計上をしている例がみられる。

　JAの貸出は、農協経営にとって収益の柱である。その意味では、信用リスクと収益の確保は裏腹の関係にある。また、信用リスクの管理は、農協経営を考えるうえでもっとも重要なテーマである。

## 2．JA における貸出のポートフォリオと信用リスクの管理

### ⑴　信用リスクの管理

　JA の貸出の信用リスク量を把握する際に課題になってくるのは、「貸出のポートフォリオがどうなっているか」「利益水準がどの程度か」が重要といえる。信用リスクの管理をすべての債務者で実施できればよいが、貸出金額が小さいところがデフォルト（債務不履行）しても JA の財務にそれほど影響しないし、得られる貸出金利息に対して管理コストの水準がどうかを考えれば、貸出金額の小さな先まで詳細な管理は必要ではない。

　信用リスクの管理をどこまで行うかは、貸出金額全体のうち貸出金額の水準によってどの程度、全体をカバーできるか、毎年実現している利益水準に比べてデフォルトの影響がどの程度かを見極めたうえで、管理すべき貸出金額の規模を決定していくことが必要である。

　たとえば、当期剰余金を５億円毎期計上している組合ならば、貸出金額１億円の貸出先がデフォルトした場合、担保がなければ25％の当期剰余金の減少につながる。10億円の貸出先であれば当期利益は赤字に転落する。

　リスクマネジメントは、安定した利益の確保が目的であるため、利益水準と対比して損益の変動に与える影響の大きい先を管理していくのが道理にあっている。

　また、貸出先のうち金額の大きい先から金額を並べていき、貸出金額のどの程度金額的にカバーできるかをみていくことも重要である。実際にいくつかの実例でみると、約３割の債務者で貸出全体の90％の金額を占め、約２割の債務者で80％、約１割の債務者で70％を占めている。

　図９をみるとわかるように、20％程度の貸出先を押さえれば農協の貸出の信用リスクの大半は抱握できることになる。また、自らの利益水準、たとえば当期剰余金が５億円とすると、その水準に対して10％以上を信用リスクの管理対象とすれば、損益に対する影響を軽減させるためには、5,000万円以上を信用リスクの管理対象としていくなど、対象を

絞ることができる。

## (2) 貸出のポートフォリオ

　JAの貸出のほとんどが個人向け貸出債権になっている（実際には90％が個人向け）。個人向け貸出債権の資金使途をみると、約3割程度が賃貸住宅建設資金、住宅資金3割と、圧倒的に個人の事業性資金の需要が大きい。法人貸出の資金使途でも設備資金や運転資金ではなく、法人の賃貸住宅建設資金が圧倒的に多い。法人貸出も業種的には、不動産業や建設業などの業砲に集中する傾向にある。地方公共団体等への貸出は、農協によって取組みが異なっている。

　こうした貸出の内容をみていくと、一般の金融機関の貸出とは内容や構成が大きく異なる。一般金融機関では、調達した資金の自己運用を行うため法人貸出の割合が高く、業種も分散されていると推測される。また、個人貸出についても、住宅取得資金などのウエートも高いと思われる。

　JAの貸出は、他の金融機関とは明らかに異なり、個人向け、法人向けでも賃貸住宅建設資金のウエートが高く、事業性の資金が大半を占め

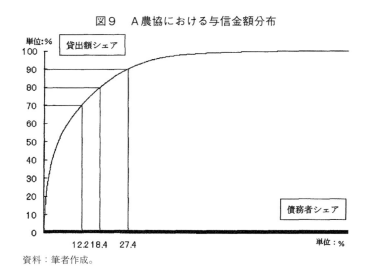

図9　A農協における与信金額分布

資料：筆者作成。

ることや、特定業種に集中することを考慮すると、個別の貸出の信用リスクの管理の必要性は、他の金融機関以上に重要性があると考えられる。

## 3. 信用リスク管理の状況

### (1) 債務者格付と対外的競争力

自己査定はすべての JA において実施済みであるが、債務者格付を実施している JA はほとんどない。他の金融機関では、金融庁の検査や公認会計士の監査対象となっているため、少なくとも金融庁の検査対象になる金融機関では、債務者格付はリスクの計量化に基づく格付けまで行っていなくても、何らかの形で債務者格付と自己査定が連動した形で行われていると思われる。

自己査定における債務省区分は、一種の粗い区分の債務者格付であるが、債務者格付に応じて債務者区分ができていると理解している組合は少ない。信用リスクの管理の第一歩としては、少なくとも債務者格付の導入が大前提となる。

これまで、JA の信用リスクの管理は、個人向けの担保の徴求や保証を中心とした貸出であったため、貸出先の信用力に応じて貸出を行う形態ではない。他の金融機関では、債務者格付によって担保の保全や貸出金利、保証料率を組み合わせ、期限前償還による貸出収益のロスやデフォルトによるロスを加味した、貸出の将来キャッシュフローを最大化する取組みが行われている。こうしたりスク管理と収益のコントロールは、債務者格付があってはじめて実現できる。

信用金庫などの他の協同組織金融機関でも、金融庁の検査を受けているところは、信用リスクの管理は、貸出の自己査定だけの管理ではなく、実際には債務者の信用状況をみて相手先の格付け（10ランク程度）による管理に移行している。

一方、JA における信用リスクの管理は、現状では自己査定しかなく、「正常先」「要注意先」「要管理先」「破綻懸念先」「実質破綻先」「破綻先」の６段階にとどまっている。信連で債務者格付が導入されている例をみると、要注意以下が10ランクのうち８ランク以下に該当しており、より

正常先に該当する債務者の信用状況の変化がみられるようになっている。

　すでに資金量の多い信用金庫などでは、信用格付や統合的リスク管理が定着してきており、信用リスクの管理や統合的リスク管理の実践では、JA は他の金融機関に後れを取っている状況にある。

## ⑵　債務者格付の実際と課題

### ①　企業融資における債務者格付

　ここで債務者格付の実際を、企業融資における JA の事例からみていくことにする（表10）。ここでは、過去の企業の財務データから財務評価項目として安全性、収益性、成長性、規模などその他の財務項目を評価して得点に表し、調整項目として不良債権などがあればマイナスとして定量項目の評価を行う。

　一方、定量項目だけでは判断できないため、経営者の資質や業歴、業界見通しなど訂正項目を評価に加え、総合評価特典を算出して債務者格付を決定している。この例でもわかるように、債務者格付（表9）では、8ランク以下が要注意先以下に区分されていることがわかる。

　このように債務者格付がわかれば、債務者格付によって担保による充足度合いを決めることがはじめて可能になり、貸出の伸長にも寄与することになる。こうしたルールがない場合には、相手の信用力があっても担保の充足が重視されることになるため、貸出が伸びなく、また、信用力の低い相手先としか取引ができないことになる。

### 表9　債務者格付と債務者区分

| 格付ランク | 80以上 | 80未満 75以上 | 75未満 70以上 | 70未満 65以上 | 65未満 60以上 | 60未満 55以上 | 55未満 50以上 | 50未満 45以上 | 45未満 30以上 | 30未満 |
|---|---|---|---|---|---|---|---|---|---|---|
| | 1 | 2 | 3 | 4 | 5 | 6 | 7 | 8 | 9 | 10 |
| 外部格付 | AAA〜AA- | A+〜A- | 888+〜888 | \ | \ | \ | \ | \ | \ | \ |
| | 再優良 | 優良 | 準優良 | 標準上 | 標準中 | 標準下 | やや不良 | 要注意先 | 破線懸念先 | 実線・破綻 |
| 自己査定区分 | 正常先 | 正常先 | 正常先 | 正常先 | 正常先 | 正常先 | 正常先 | 要注意先 | 破線懸念先 | 実線・破綻 |
| 非格付先 | 地公・公社 | \ | 協同組合 | \ | \ | \ | 個人 | \ | \ | \ |

78

第2章　イコールフッティングと総合事業

## 表10　B農協における企業債務者格付の実例

自己査定区分：正常先・要注意先・破綻懸念先・実質破綻先・破綻先

### 企業格付判定表

現行取引先　○○資料　㈱
作成日：平成19年1月15日

**財務評点**

（単位：百万円）

| | 配点 | 前期 指標 | 前期 得点 | 今期 指標 | 今期 得点 |
|---|---|---|---|---|---|
| 安全性　自己資本比率 | 10 | 11.1 | 3 | 12.7 | 3 |
| 流動比率 | 10 | 408 | 0 | 471 | 0 |
| 経常収支比率（3期平均） | 10 | 101.1 | 5 | 101.3 | 5 |
| キャッシュフロー比率（3期平均） | 10 | 2.2 | 3 | 3.3 | 4 |
| インタレスト・カバレッジ・レシオ | 10 | 1.4 | 3 | 1.9 | 4 |
| 収益性　総資本経常利益率 | 10 | 1.7 | 5 | 2.9 | 5 |
| 売上高経常利益率 | 10 | 1.2 | 4 | 2.0 | 6 |
| 成長性　売上高伸率 | 10 | 1.5 | 1 | -2.2 | 0 |
| 経常利益増加率 | 5 | 76.8 | 5 | 61.9 | 5 |
| その他　売上高 | 5 | 13429 | | 13129.7 | |
| 純資産額 | 10 | 1091.1 | 10 | 9217.5 | 10 |
| 計 | 100 | | 45 | | 50 |

| 【調整項目】 | | 前期 | 今期 |
|---|---|---|---|
| 不良資産 | 0～▲10 | -3 | -3 |
| 情報開示 | 0～▲10 | 0 | 0 |
| 小計 | | -3 | -3 |
| 調整後評点 | | 42 | 47 |

×60%　→　財務評点　**28**

**非財務面評価**

| | 配点 | 前回 | 今回 |
|---|---|---|---|
| 経営者の資質 | 5 | 5 | 5 |
| 業界見通し | 5 | 10 | 5 |
| 取引 | 10 | 3 | 3 |
| 取引慣行（属滅利回りの対比） | 5 | 4 | 5 |
| 小計（総配点） | 30 | 26 | 22 |
| 定性要因 保全割れ | | -3 | -3 |
| 調整後評点 | | 23 | 19 |
| 外部データバンク・リサーチ情報使用時加算点 | | 3 | 5 |

非財務評点　**24**

| 評点計 | 前期 | 今期 |
|---|---|---|
| | 51 | 52 |

| 格付ランク | 前期 | 今期 |
|---|---|---|
| | 7 | 7 |

| 1 格付ランク | 前期 | 今期 |
|---|---|---|
| | 7 | 7 |

| 2 格付ランク | 前期 | 今期 |
|---|---|---|
| | 7 | 7 |

| 1次格付部門 | 2次審査部門 審査室 | 担当者 |
|---|---|---|

1次格付部門（意見）　　自己査定区分　正常先

2次格付部門（意見）　　自己査定区分　正常先

※債務者格付の表の部分は64頁の下段に移した。

② 個人の債務者格付

　個人の貸出の場合には、企業に比べて顧客情報が限られてくる。また、貸出金額も小さいため、管理においてコストをかけることができない。企業融資を中心に信用リスクの管理が進んだが、個人などリテールにおける信用リスクの管理に移行している。

　すでに信用保証協会などにおいても、借入者の信用状況を判定し、それを保証料率に反映きせるようになっている。また、保証割合もより金融機関の自己責任を求める方向に変わりつつあり、個人貸出といっても100％保証ではなく、一定の割合の負担が自己責任のなかで求められるようになっている。

　個人については、法人に比べて情報が限られており、限られた情報のなかで信用リスクの計量化が行われる。個人のデフォルトと関連するものは、法人の財務データなど定量データではなく、属性などの情報が得やすい定性データが主体になっている。このため、個人の信用力の判定は、企業の場合とは異なり、正確性は落ちるものの、個人属性を基礎とした信用リスクモデルが利用されている。

図10　リテールにおける信用リスクの評価（ツリーモデル）

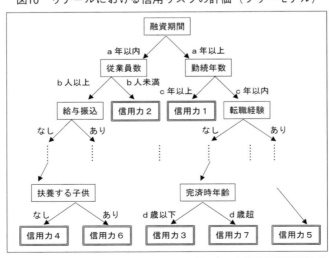

資料：「住宅ローンのリスク管理」日本銀行金融機構局より

80

金融機関では、取扱商品ごと（たとえば、住宅新規取得時のローン、他の金融機関からの借換ローン等）に貸出可否の判断基準を定めているのが一般的である。判断基準の項目としては、年収、勤続年数、借入額の年収に対する倍率、DTI（Debt To Income）、借入額の担保物件の評価額に対する割合LTV（Loan To Value）等があげられる。なかでもDTIは、以下のように債務者の返済能力を測る指標の一つとして重要視されている。

景気の変動によって景気の悪い時は、個人所得の低下や失業とともにDTIが上昇し、個人の倒産確率（PD）が上昇する。また、地価下落は、担保評価額の低下を通じてLTVの上昇をもたらし、回収率の低下をもたらす。

このような個人の定性データや定量データ、貸出経過期間などを加味して個人貸出の信用リスクの格付けや信用リスクの計量化が実施きれている。

DTI：年間元利金支払い額の年収に対する割合、すなわち、住宅ローンの債務者の返済余裕度合いを示す指標である。

LTV：借入額の担保物件の評価額に対する割合であり、保全の度合いを示す指標である。

参考：外部環境の変化とリスクの伝播

金利上昇→DTIの上昇→PDの上昇

失業率の上昇→DTIの上昇→PDの上昇

地価下落→LTVの上昇→デフォルト時の回収率の低下

金利低下→期限前返済増加→生涯収益の減少

### ③ JAにおける債務者格付

JAにおいて信用リスク管理のために債務者格付を導入する際に課題としてあげられるのは、個人、法人ともに信用リスクの管理に必要なデータが整備されていないことである。とくに電子データは、入手が可能なJAとそうでないJAが明確にわかれる。

とくに信用リスクの管理では、個別債務者のデータの整備が必要である。査定への対応が主体で、信用リスクの管理に力点を置いてこなかっ

たため、財務分析に必要な基礎データが足りなかったりする。また、個人への貸出においても、JASTEMといった系統農協の既存システムでは、個々の債務者の延滞履歴が取り出せないとか、他の金融機関ではリテールの信用リスクの評価や計量モデルを作成する際に利用している情報が入手できないなど、基礎的な情報インフラが十分ではないなどのハンディもある。

　信用リスクを評価するための基礎的な情報がない、もしくは欠けているのが大きな課題点であり、その整備状況もJAによって異なっている。

　また、貸出先の情報だけではなく、担保情報についても同様なことがいえる。自己査定が中心であるため、個別貸倒引当金の計上を行わなければならない破綻懸念先以下については担保情報が充実しているが、正常先、要注意先などについては担保情報が整備されていない例もみられる。

　貸出先のデフォルト（債務不履行）によって損益面で影響が大きいのは、貸出残高が大きい先である。信用リスクの管理の面では、担保情報の整備は破綻懸念先など債務者区分での充実度ではなく、損益面で影響の大きい大口先を債務者区分に関わらず整備していくことが必要である。

　信用リスクの管理において、貸出先の情報や担保情報などの情報整備の課題に加えて、信用リスクを最終的に見極めるのはヒトの目である。企業財務に関しても、実質的な財務諸表をみる目が必要である。また、資金使途も重要である。運転資金と称して実は債務超過見合いの資金だったり、資金使途をみて確実に貸出金を回収できるかできないかを見極めるのもヒトの判断である。信用リスクの課題としては、情報整備の課題に加えて人材育成の課題が存在する。

## 4．信用リスクの計量化

　法人が少なく個人が多いといった他の金融機関とポートフォリオが異なることを前提にすると、信用リスク量が計測可能な債務者は、従来の金融工学モデルですべて把握することが困難なケースが想定される。

　また、JAの法人貸出件数では、信頼でき、安定しているデフォルト確率が算定できるかどうかは疑問である。このため、少ない先数のデフ

ォルト確率ではなく、信頼できる確率を得るためには、外部のデータベースの利用が不可欠である。

　有限責任中間法人 CRD 協会※では、全国の銀行や信用保証機関における融資件数で約100万件以上のデータの中小企業・個人に関する信用情報の蓄積が行われている。JA 単体では件数が少なく、企業等の正確なデフォルト情報が十分得られないため、こうした外部データベースに基づく倒産確率モデルを活用するなど、補完措置が必要になってくる。

　これらの一般的なモデルで説明できる分野は、現行の貸出のポートフォリオのうち、どの範囲なのかを確かめておくことがあらかじめ必要になってくる。圧倒的に個人のウエートが高く、信用リスクを把握するうえで重要な場合には、別途、個人債務者向けの PD の推定モデルを作成する必要があると考えられる。

　一般的な法人では、説明変数はデフォルトかデフォルトでないかといった質的変数に対して、被説明変数は財務指標などの量的変数が用いられる。個人債務者の場合には、法人に比べて情報量が失われているケースや量的変数がとれるケースは少ない。このため、被説明変数も職業や年齢といった質的変数によるモデル化を考慮する必要があると想定される。

　最終的には、法人においても個人においても、信用リスク量を表すために個別債務者ごとの PD（倒産確率）を求めていくことになる。PD でリスク量が表されれば、倒産確率といったひとつの尺度により、信用リスクの程度の個別把握が個別債務者ごとに可能になるし、貸出全体の VaR（最大損失リスク量）による信用リスク量の把握も可能になる。

　いずれにせよ、信用リスクの管理のためには、債務者格付を導入し、法人と個人を分けたうえで、外部ツールを活用する、自らモデルを組むなどし、個々の農協に適合した仕組みを構築する必要がある。

※ CRD（Credit Risk Database）は、中小企業の経営データ（財務・非財務データおよびデフォルト情報）を集積する機関として、全国の信用保証協会を中心に任意団体 CRD 運営協議会として平成13年3月にスタート。設立の趣旨は、データから中小企業の経営状況を判断することを通じて、中小企業金融に係る信用リスクの測定を行うことにより、中小企業金融の円滑化や業務の効率化を実現することを目的としている。

# 第4節

# 総合的リスクマネジメントとは

## 1．JAの経営とリスクマネジメントの必要性

　平成17年4月のペイオフ全面解禁以降、規制緩和や競争激化によるビジネス環境の不確実性が高まり、現在、金融機関に求められているのは、①環境変化に対応するための明確な事業戦略、②健全性の確保、③収益力の維持・強化である。そのため、融資部門や証券運用部門など各事業部門に対してリスクに応じた最適な資本配分を行い、健全性の確保を前提としつつ、自己の経営体力に見合ったリスクテイク、リスクコントロールにより収益向上を図っていくことが必要になってきている。

　これまで金融機関では、必要性・優先度に応じて、リスクの種類（信用・市場リスク等）ごとにリスク管理体制の整備をすすめてきたが、個々のリスクは把握できても、経営全体としてのリスク・リターンを把握して経営に確かな判断材料を提供することはできなかった。

　こうした問題意識から、系統以外の金融機関では、自らが抱える多様なリスクを共通の枠組みに基づいて計量化したうえで、経営体力に関連づけて制御するとともに、リスク量との対比で収益性・効率性を評価するといった統合的リスク管理体制の導入が強く認識されるようになっている。

　また、バーゼルⅡの規制から、第2の柱として金融機関の自己管理と監督上の検証として、自己資本の充実度では当該金融機関におけるリスクの種類を特定化したうえでリスク量に見合った自己資本が十分か、リスク量を統合化し自己資本や経営体力と比較するといった統合的リス

管理を求めるようになり、さらに、バーゼルⅢでは、リーマンショック
の反省や広くリスク管理手法が金融機関に普及したとの認識から資本の
質が問われ、より高度なリスク管理の普及を前提に、リスクに対して十
分な自己資本や経営体力の備えを求めるようになってきている。

　系統金融機関のうちJAにおいては、金融業務だけでなく経済事業、
共済事業と3事業を総合的に営んでいる。つまり、JAにおけるビジネ
スリスクは、単に金融業務といった単一のリスクではなく、経済事業、
共済事業の3事業が複合的に組み合わされたものとして捉えることがで
きる。

　JAの金融機関としての性格と現状を前提とした場合、理想的なリス
ク管理は、一般の金融機関としてのリスクと収益の関係をみる統合的リ
スク管理の形態に加え、経済事業、共済事業とのビジネスリスクを考慮
した総合的なリスクマネジメントが必要と考えられる。

　JAでのリスクマネジメントの必要性は、金融機関としての性格を考
慮した場合には、バーゼル規制などグローバルな金融規制の側面から重
要な内部統制の一つの整備として要請されている。また、総合事業を営
むJAの経営の仕組みからは、他の金融機関と異なるリスクを持ってい
るため、重要な内部統制の仕組みとして各事業のリスク特性を踏まえた
総合的なリスクマネジメントの確立が必要である。

## 2．リスクマネジメントの主体と目的

### ⑴　リスクマネジメントの実施主体

　リスクマネジメントとは、一体、誰のために、誰が主体となって行う
ものなのか。リスクが発現すればJAの資産や資本にも影響を与え、最
終的に出資者である組合員に影響を与えることになる。

　リスクマネジメントも経営マネジメントのひとつであるから、当然、
JA経営の方向性を示すことになる。経営の方向性を示すのは経営者の
役割であり、リスクについて最終的な責任が経営者にあるため、リスク
管理態勢の構築をはじめとするリスク管理にかかるさまざまな諸施策を
講じることは理事会、役員の責務となる。

リスクマネジメントを通じて、リスクの発現の可能性に対し、組合の健全性や安全性を確保し、出資者たる組合員の財産を守ることができる。その意味では、誰のためにリスクマネジメントを行うかは最終的にJAの経営を委任している組合員のためである。

　リスクマネジメントの主体は、JAの経営を委任されている経営者、経営層である。リスクマネジメントは、経営を委任された経営者がJAの健全性を確認し、自らに経営者責任がないことを改めて確認するプロセスでもある。リスクマネジメントを行うのは、経営者自らの課題であり、リスクマネジメントの定着と成否は経営者自らの意識にかかっているといっても過言ではない。

## (2)　リスクマネジメントの目的
### ①　ゴーイングコンサーン（継続組合）の確認とリスクの認識

　リスクマネジメントの実践は何のために行うのか。

　一つは、農協としてのゴーイングコンサーン（継続組合）の目的の確認である。経営者は自らの組合の現時点での継続性の確信をどのようにして得ているのであろうか。監査・検査で決算証明を得ているから大丈夫、利益が出ているから、または自己資本比率が高いからなど何となく組合の継続性は大丈夫だろうと、いわば経験と勘と推測によってさまざまな事実から間接的に組合の継続性に関して確信を得ているのが現状と考えられる。

　金融機関における統合的リスク管理とは、さまざまなリスクを計量化し、自己資本や自らの経営体力と比較することで、そのリスク量を自己資本や経営体力の範疇に抑えてリスクをコントロールする仕組みである。資金量規模の大きい金融機関では、ほぼすべての金融機関が金融庁検査の実施以降実践しているリスク管理手法である。

　ではリスクマネジメントにおいて自らのリスク量を計量化し、数値で表すことはどのような意味を持つのであろうか。リスクの計量化は、リスクの可視化のプロセスである。リスク量を数値化することで、はじめて収益や経営体力とリスク量の比較が可能になってくる。

第2章　イコールフッティングと総合事業

　ではリスクを数値化する、比較することで最終的に何がわかるのか。次頁図11は、実際の農協において筆者がリスクの数値化を行ってみたものである。

　これをみると左側に自己資本があり、自己資本の内訳として基本的項目（Tier1）と補完的項目（Tier2）が示されている（バーゼルⅡでの管理を前提）。左から２番目の評価損益調整後の自己資本額は、12月末における正味の自己資本を示したもので土地や有価証券の含み損益を反映させた自己資本額を示している。含み益も含めて売却が可能であるため、経営体力として参入して評価損益調整後の自己資本額をJAが現状で有する経営体力としている。左から３番目の許容リスク量は、仮定的に経営体力を示す評価損益調整後の自己資本額の９割においている。これは、自己資本を最低限残していくための措置であり、最悪の事態が生じても一定の金額が自己資本残ることを意味している。このため、自己資本を管理していくためには最悪の状態を仮定して自己資本や経営体力のなかで超えてはいけないリスクの発現量の上限（リミット）を定めている。

　一番右側が12月末で取得しているリスク量で、貸出、有価証券運用における信用リスク量※1、同様に金利リスク量※2を数量化し、将来獲得すると考えられるキャシュフローからみた経済事業の事業価値と簿価との差額を経済事業のリスク量として把握したものである。JAが現状で抱える将来のビジネスリスクを数値化し、信用事業、経済事業を中心に、総合事業としてのリスク量を一つのリスク量として表している。ここでいうリスク量とは、あくまでも将来、発現する可能性のあるリスク量、損失可能額の最大限を示したものである。

　現行のバーゼル規制では、JAについても他の金融機関と同様のバーゼル規制が適用されるため、自己資本比率が４％を下回れば早期是正措置に該当し、JAとしての継続性（ゴーイングコンサーン）は失われることになる。このため、事業や経営を継続するうえで自己資本額が十分かどうかはJAの継続性に大きく関わっている。

　この図をみると、自己資本や経営体力の範疇に超えてはいけない許容リスク量（リミット）が置かれ、また、すでにリスク量が判明している

87

図11 A農協における継続性と総合的リスク量

【リスクモニタリング資料】平成23年11月末基準

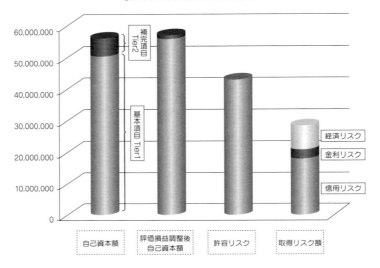

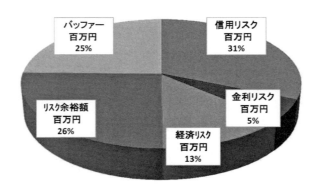

資料：A農協におけるリスク量に基づき作成。
注1：実際の農協の情報であるので数値は省略。
注2：信用事業はVaR（最大損失リスク量）で経済事業はバリューエーション※と簿価との差額とした。
※バリューエーションとは、将来キャッシュフローから事業価値や企業価値を算出する手法。

ことから、リスク量が許容量に近づけば自己資本の管理上、抵触しては
いけない許容リスク量に現行のリスク量が近づいた場合、リスク量の具
体的な削減を対策として行うことになる。抵触してはいけない許容リス
ク量に取得しているリスク量が近づけば自動的に削減に向けた対策を行
うため、リスクの発現によって自己資本や経営体力を大幅に失う危険性
を未然に防止することができる。

　また、この事例における JA は、リスク量が将来における最大限の可
能性のあるリスク量を示しているため、12月末時点ですべてのリスクが
発現しても自己資本や経営体力の全額を失う可能性はなく、JA の継続
性をはっきり認識できる。

　リスクマネジメントの実践は経営者自らがその重要性を考え、実践を
行っていく必要性がある。その目的は、リスクを数値で示し、可視化し
て経営体力を比較することで経営者が自らの組合の継続性にはっきりと
確信を持つことにある。その確信を持つためには、各事業が持つリスク
の計量化といったリスクの可視化のプロセスが重要な役割を持っている
ことがわかる。

　実際のリスク量の計測結果では、金融機関における金利リスクよりも
信用リスクが大きく、経済事業にともなう投資回収ロスや収支の赤字に
よる自己資本の毀損の可能性[3]を示している。リスク量からみれば何
の改革が必要か、信用リスクの管理やコントロール、経済事業の改善が
急がれることを示している。実際のリスク量を計ることで経営の継続性
を認識するとともにリスクのうち将来の組合の経営の継続性にとって何
が重要で何を改善するべきなのかが明確に示されることになる。

※１　貸出の信用リスクに関しては、LGD（デフォルト時損失率、デフォルト時に担保で
　　カバーできない損失）で信用リスクを計測し、有価証券に関してはクレジットスコアリ
　　ングに基づきデフォルト率（PD）を算出し、モンテカルロシミュレーションにより、
　　VaR（最大損失リスク量）を計測している。
※２　金利リスクに関しては VaR（最大損失リスク量）によりリスク量を計測している。
※３　経済事業のリスク量はキャシュフローに基づく事業価値（バリューエーション）と
　　簿価残額との差額をリスク量としている。

## ②　安定収益の確保と収益性・効率性の向上

　リスクマネジメントのもう一つの目的は、安定収益の確保と収益性・

効率性の向上である。自らの経営の将来リスクの発生と経営の収支がどうなっていくか、将来的な経営収支の課題について明確に答えられる経営者がどの程度存在するかはわからないが、大半のJAは事業計画で次年度のおよその収支がわかるというのが現状ではないだろうか。

　将来にわたる安定収益がないと、組合員が利用する事業も継続できないし、組合員に対する利用高配当を始めとする配当も行えない。経営上、将来にわたる安定収益の確保は経営上、重要な課題であり目標といえる。

　収益はリスクをとるから収益、リターンが生まれる。リスクが数値で示されていれば事業上のリスクと収益の関係が明確になり、どれだけのリスクに対してどのような収益が生まれるかがわかるようになる。具体的には、収益の構成についてリスクをとることによる収益部分とリスク以上に超過収益が生まれている部分の収益、リスク調整後収益（プレミアム部分）とに分けてみることが可能になる。

　これを貸出金の場合で示すと、図12のようになっている。実際に入金される貸出金に関わる貸出利息は実際の収益である。この収益を分解すると、貸し出した相手が倒産（デフォルト）する確率から信用リスクが数値化されわかっているとすると（実際に貸出先の倒産確率はスコアリングモデルで算出ができる）この相手先が倒産する確率に基づく信用コストの部分と信用コストを超過したリスク調整後収益、信用リスクプレミアムの部分に分解される。この数値化された信用リスク以上に貸出金利息が得られていれば、貸出期間は数年にわたるため、貸出先が倒産、デ

図12 リスク調整後収益と収益性・効率性の向上

資料：筆者作成

フォルトするリスク以上に安定した収益が得られることになる。

　金融機関が信用力の低い相手先の金利を引き上げるのは、調達コストと将来の信用コストを加えた実質の負担になり得るコストが実際の貸出金利を上回るため、早期に資金を回収し、将来ロスを最小限に抑えようとするための行動といえる。

　リスク以上に超過収益、リスク調整後収益が生まれていれば将来にわたる安定した収益を得ることが可能となり、リスクを最小限化し、収益を安定的に確保していくことができるようになる。経営の収支の効率性を達成するためリスクマネジメントの課題は、中長期にわたる安定収益を確保していくためにどのような資産を保有し、経営の収支を高めていくかといったことになる。リスクとリターンの関係がわかれば、リスクをできるだけ小さくし、収益を最大化することが経営の効率性の課題となり、それが実現できれば結果として長期にわたる安定収益が得られる。

　リスク調整後の収益を重視することでリスク対比の収益性を高め、それが長期の安定収益につながる。一方、リスクマネジメントの目標となる安定収益は単年度の収益ではなく、２～３年先の安定収益目標水準の確保が課題となるため、リスクマネジメントでは、中期にわたる安定した収益目標を設定する。その収益目標を達成していくため、リスク調整後収益を高めることでリスクを小さくし、利益を最大化するため、目標収益の達成に対する収支コントロールができるようになってくる。

　リスクマネジメントの目的は、単年度の利益の追求ではなく、２～３年の中期にわたる収支を見通し、そこでの課題を発見し、リスクを抑え、安定収益を確保する、または収益を拡大させていくといった効率性の実現にあるといえる。

　また、経済事業においても同様のことがいえる。経済事業の投資を行う場合、事業を継続していく際に投資にともなう投資回収と事業継続のためのランニングコストが事業収益で賄えるかがポイントになる。投資にともなう投資回収と事業継続のためのランニングコストが賄えるだけの収益が安定的に生み出されることが、全体の安定収益に貢献できるかの分岐点になってくる。（図13）

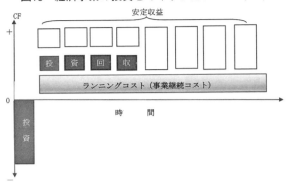

図13　経済事業の投資とキャッシュフロー（CF）

## ３．ＪＡにおける総合的リスクマネジメントの意味

### (1) 内部ルールの策定と経営責任の明確化

　リスクマネジメントの主体と目的については、組合員の財産を守り、経営者自らが主体となってリスクマネジメントを行うことで継続性（ゴーイングコンサーン）の確信と安定収益の確保が大きな目的であることは先にも述べたとおりである。では、JAにおいてもなぜリスクマネジメントの定着が必要になってくるのか、その意義について考えてみたい。

　JAも金融機関である限り、自己資本比率や自己資本の確保はもっとも重要な課題であり、それができない場合には、他の金融機関と同様、市場退出となる。これまでいくつかのJAが事実上の破綻状態になり、継続性を失い、貯金保険機構などの支援を受けてきている。過去の事例をみるとその一つの特徴として極端な事実上の経営破綻の姿がみられる。

　ある事例では、貯金保険機構の支援を受ける直前の財務状況は、貯貸率83.6％、資本金26億円に対して貸倒引当金が281億円であった。実に資本の10倍以上の信用リスクを持ち、特定業種に対する集中的な貸出と経営体力以上の信用リスクを抱えたため、貯金保険機構の支援を受けるに至った。また、こうした中には、過去に優れた収益を挙げ、優良事例にも紹介されているJAが含まれている。

　なぜ、このような極端な事実上の破綻事例が過去に生じているのか。

失敗した事例をみると極端な例が多く、その要因をみると経営者による経営判断の誤りの部分に起因しているケースが多い。優れた経営者が正しい方向性を示している間は順調に推移する。しかし、経営者が交代したり、事業環境が一度逆方向に回転し始めると急速に悪化し、それを取り戻そうとして一層の悪循環に陥り、最終的に事実上の破綻に陥る場合が多い。

このようになるのは、内部統制上の牽制組織がないことや内部ルールがないため、トップのいうことが唯一の内部ルールとなり、誰も制止ができず最終的な経営破綻に陥り、実際の損失額が膨らむ場合が想定される。

経営者の判断は、プラスに作用する場合もマイナスに作用する場合も存在する。経営者がマイナスになる方向を指向している場合、何も内部ルールがない場合には悪化の方向に向かってしまう。

一つの例として有価証券のロスカットルール※4を考えてみる。ロスカットルールがない場合、ロスカットを行うべきだと考えても収支や決算に関連するので、損失計上をしないでそのまま持ち続けるか、含み益のある有価証券と抱き合わせて売却することが予測される。この結果、さらに相場が下がり、結果的に損失が拡大し、将来の得られる収益を失うことにつながる可能性が高くなる。

一方、ロスカットなどの内部ルールがある場合には、損失を計上するか否かは経営者の判断になってくるため、ルールを無視ないし、損失を計上しないといった判断をすれば経営者の責任が明確になってくる。

前者は経営者責任が曖昧なのに対して、内部ルールがあれば経営者責任や判断のプロセスが明確になり、将来の損失拡大などの事態を避けることができ、最終的に経営者の経営責任の軽減につながってくる。

同様にリスクマネジメントの構築のプロセスもリスク量が膨らんできた場合にはリスク量の削減を図り、自己資本を保持するという内部ルールを策定することに他ならない。

※4　ロスカットルールとは、ディーリングなどを行う金融機関において一定の損失額に達した場合に機械的に損切りを行うルール。早めに損失を確定することで損失の拡大を防止することができる。

## (2) 経営の継続性の明確な継承

　リスクマネジメントに関わる内部ルールを策定し、業務を運営することは、経営者が農協経営にとってマイナスに作用することを防止するとともに最悪の事態を避け、最終的に経営者の経営責任の軽減につながることは先に述べたとおりである。もう一つの効果としては、農協経営の継承と継続性につながることがあげられる。

　優れた経営者が経営のマネジメントを実施している場合には、経営は順調に推移する。その経営者もいずれは退任し、次世代に経営を任せていくことになる。経営者の交代は、選挙など民主的な手続きによって選ばれていく。民意と経営者能力が一致している場合には、経営者が代わっても経営の改革が進み、経営の好調さは維持できるが、民意と経営者能力は必ずしも一致するとは限らない。

　ヒトの能力には個人差が当然のことながらある。現行の経営者がカリスマ性を持っていればいるほどそのギャップは大きい。前経営者と同じことができればよいが、そうでない場合には収益の低下や将来の経営上の問題や課題が蓄積することになる。

　現状はどうであろうか。経営者の質や能力に大きく依存しているのが現状ではないだろうか。その意味では、経営者が代われば経営も変わってくるといった人的脆弱性を持っている。

　リスクマネジメントに関わる内部ルールを策定し、業務運営を行っていくことは、一つの経営システムとして組み込まれていくことを意味している。経営システムの一部で機能すれば経営者が交代してもリスクマネジメントにおける経営の継続性（ゴーイングコンサーン）と安定収益をあげていくといったことを目的にしているため、経営者の交代などがあっても内部ルールにより、一定のシステムとしての経営の継続性が守られることになる。


## (3) 農協経営文化の改革

　これまでの農協経営のマネジメントは、連合会などから方針を示され、その方針に従って事業推進を忠実に達成していくのというスタイルでは

ないだろうか。また、計数的な数値の判断は、当年度の利益がどれだけあって、どれだけ事業推進ができたかが大きな判断材料になっていると考えられる。また、将来の経営収支がどうなるかよりも単年度の事業利益が大切で、将来の収益に対しては漠然と事業取扱も低下し、厳しくなりそうだと感覚的に感じているだけではないだろうか。

　JAの事業のリスクを計量化し、自己資本や収益との比較を行う総合リスクマネジメントは、収益だけではなく事業リスクといった目に見えない数値も含め経営判断を行っていくことになるため、将来の起こりうる経営課題を明確にし、早期に自らの経営課題を捉え、解決していくといった自己責任と自己完結型の経営を指向していくことになる。

　その場対応ではなく、未来を予想し将来にわたる経営視野を持つことは、これまでの当面の目標に重点を置いた農協経営のスタイルを変えていくことである。農協経営のマネジメントとしてリスクマネジメントを位置づけていくことは、これまでの経営のあり方、考え方の切り替えを行うことに他ならない。

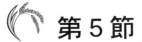

# 第5節

# 経営改革の実践と
# 総合的リスクマネジメント

## 1．リスクマネジメントによる経営改善と改革事例

　ここでリスクマネジメントによる経営改善や改革を行ったJAの事例を紹介することにする。

### (1) S農協

　S農協は貯金2,000億円前後のJAである。リスクマネジメントの経営コンサルティングで入ったのは平成20年度であり、それを前後する利益の推移をみると図14のようになっている。平成20年度以前は次第に利益

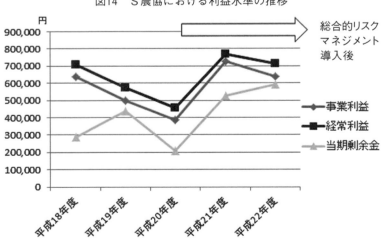

図14　S農協における利益水準の推移

資料：S農協　総代会資料より作成。

水準が低下傾向を辿り、平成20年度を境にその後、急速に利益水準が拡大し、平成21年度、23年度に過去最高益（事業利益で約10億円）を達成した。リスクマネジメントの導入前と導入後に大きな収益水準の差がみられる。ではなぜこのように劇的に利益水準が改善したのか。

　総合的リスクマネジメントによる収益改善効果は、JA事業から生み出されるキャッシュフローを増やすことに他ならない。平成20年度から21年度にかけて２億円程度の収益水準の改善がみられる。S農協の２億円の収益水準の改善は信用事業で約１億円、経済事業で約１億円程度の改善が図られたことによる改善である。

　当JAでは総合的リスクマネジメントを導入する前は、貯金が増えず貸出が減少し、株式などの市場価格の変動の大きい資産を保有していたことと、大口の貸出先が倒産（デフォルト）することで特別損益の段階で特別損失が偶発的に発生し、最終損益が安定しておらず、また、金利リスクへの注意喚起がいわれていたために有価証券、とくに債券を売却して残高を減らしていた。その結果、損益は安定せず、利益水準も年々、低下傾向を辿っていた。利益水準の低下は信用事業のみならず、経済事業の赤字の拡大も影響していた。

　利益水準の改善は、まず、全体損益の安定のために特別損益の安定化として有価証券の運用を株式から債券中心に変更し、減損にともなう収支変動リスクを抑えるのと大口貸出先に関しては債務者格付を試行的に導入し、信用リスクの変化や貸出先の分析を行い、対策を講ずることで特別損益の変動を抑制し、事業利益の損益が素直に反映するようにした。

　信用事業では調達と運用の差である資金収支を改善すれば信用事業の利益水準は改善する。このため、調達コストを引き下げるため、それまでのキャンペーンによる貯金集めから１年間キャンペーンを余り行わず、残高を維持するように対策を行った。その結果、表11にみられるように残高は若干、減少ではあるものの、前年度に比べて調達コストが12月段階で115百万円減少していることがみてとれる。一方、運用面では、貸出は残高をできるだけ維持するようにして、貸出金の減少傾向が続くた

め、信連預金と有価証券でどちらが資金収支の拡大に寄与するか。貸出金が減少するなかで資金収支に有利な資産では表11でみてもそれは当然のことながら有価証券であり、同じ金額を投じても預金の2倍程度の資金収支の拡大に寄与する。

　有価証券運用では、それまで金利リスクの削減のために有価証券残高を減らし、預金集中の運用集中体制にあったものをラダー型（毎年、債券の償還が一定になる債券の構成）ポートフォリオが3年後に完成するように計画を策定し、常勤役員会で計画が承認され、毎月、一定額の債券を購入することに方向性を転換した。

　表11でもその影響はでている。貸出の減少と利回り低下により運用資産として有価証券の減少が止まり、資金収支に対して有価証券は11百万円の拡大に寄与し、運用収益の減少の抑制につながった。運用資産では何が資金収支の拡大に効果的かである。信連預金が有価証券の運用利回りほどの還元を行ってくれれば有価証券の運用を行う必要はないが、現実にはそうではない。JAの資金収支の維持や拡大につながる資産の積上げと選択（アセット・アロケーション）が最終的に運用の収益を決める。

　信連預金の一定の利用率をオーバーした場合には低利の運用になるのであれば預金に資金を置く必要がない。これまでの歴史から信連預金に対する絶対的な信頼があるが、あくまでも資金収支の維持・拡大に有利かどうかである。JAが資産選択として預金、貸出、有価証券のなかで有利な資産選択を行っていけば信連も運用利回りの改善や効率化につながり、全体的な系統組織の効率化に寄与するように思える。

　こうしてS農協では、信用事業において1億円の収益改善を図ることができた。一方、経済事業では個別の事業から生み出されるキャッシュフローの今後10年間の予測がリスクの計測が行われているので将来、どの事業で収益水準が低下しそうかがすでに判明している。もっとも損益が悪化すると考えられる事業を中心に企画と経済事業の現業部門で経済事業プロジェクトを設置し、そのなかで赤字事業の人材を収益がでている事業へシフトさせ、マイナスの人材をプラスの事業へ転換するなど経営資源の見直しや事業そのもののビジネスモデルの改善や改革の案の策

表11　S農協におけるVR要因分析　【V＝Volume（量）、R＝Rate（利回り）】

（単位：百万円、％）

| | 前年度 12月末実績(A) | | | 21年度第2四半期計画(B) | | | 21年度 12月末実績(C) | | | 前年同期比 (C)-(A) | | | 計画対比 (C)-(B) | | |
|---|---|---|---|---|---|---|---|---|---|---|---|---|---|---|---|
| | 平残① | 利回り | 利息 | 平残② | 利回り | 利息 | 平残 | 利回り③ | 利息 | 平残④ | 利回り⑤ | 利息 | 平残⑥ | 利回り⑦ | 利息 |
| 調達計（1） | 184,902 | 0.282 | 393 | 186,397 | 0.245 | 345 | 187,617 | 0.197 | 278 | 2,715 | ▲0.086 | ▲115 | 1,220 | ▲0.049 | ▲67 |
| 貯　金 | 184,655 | 0.279 | 388 | 186,154 | 0.242 | 339 | 187,397 | 0.194 | 274 | 2,742 | ▲0.085 | ▲114 | 1,243 | ▲0.048 | ▲66 |
| 借入金 | 247 | 2.630 | 5 | 243 | 2.866 | 5 | 220 | 2.556 | 4 | ▲27 | ▲0.074 | ▲1 | ▲23 | ▲0.309 | ▲1 |
| 運用計（2） | 187,560 | 1.482 | 2,095 | 186,803 | 1.469 | 2,067 | 189,228 | 1.458 | 2,079 | 1,668 | ▲0.024 | ▲15 | 2,425 | ▲0.011 | 12 |
| 預　金 | 100,947 | 0.869 | 661 | 98,690 | 0.878 | 653 | 100,185 | 0.884 | 668 | ▲762 | 0.015 | 6 | 1,495 | 0.006 | 15 |
| 貸出金 | 73,504 | 2.408 | 1,333 | 74,613 | 2.327 | 1,308 | 76,026 | 2.270 | 1,301 | 2,522 | ▲0.137 | ▲33 | 1,413 | ▲0.057 | ▲8 |
| 有価証券 | 13,109 | 1.015 | 100 | 13,500 | 1.045 | 106 | 13,017 | 1.134 | 111 | ▲92 | 0.119 | 11 | ▲483 | 0.089 | 5 |

※預貯金利息は、奨励金、特別配当金（経過期間分）を含む。

| | (A) 利息 | (B) 利息 | (C) 利息 | (C)-(A) 利息 | (C)-(B) 利息 |
|---|---|---|---|---|---|
| 資金収支（2）－（1） | 1,702 | 1,723 | 1,801 | 100 | 79 |
| 信用事業雑費用 | 255 | 160 | 208 | 47 | 48 |
| 信用事業雑収入 | 118 | 55 | 147 | 29 | 92 |
| 信用事業総利益 | 1,565 | 1,618 | 1,740 | 176 | 122 |

| | (A) 利回り | (B) 利回り | (C) 利回り | (C)-(A) 利回り | (C)-(B) 利回り |
|---|---|---|---|---|---|
| 貯預利鞘 | 0.590 | 0.636 | 0.691 | 0.100 | 0.054 |
| 貯貸利鞘 | 2.129 | 2.085 | 2.077 | ▲0.052 | ▲0.009 |
| 貯証利鞘 | 0.736 | 0.803 | 0.940 | 0.205 | 0.137 |
| 調達運用利鞘（運用利回－調達利回） | 1.200 | 1.224 | 1.262 | 0.062 | 0.038 |
| 総資金粗利率（資金収支／調達平残） | 1.222 | 1.227 | 1.274 | 0.053 | 0.048 |

| | (A) 平残 | (B) 平残 | (C) 平残 | (C)-(A) 平残 | (C)-(B) 平残 |
|---|---|---|---|---|---|
| 貯預率（平残） | 54.7 | 53.0 | 53.5 | ▲1.2 | 0.4 |
| 貯貸率（平残） | 39.8 | 40.1 | 40.6 | 0.8 | 0.5 |
| 貯証率（平残） | 7.1 | 7.3 | 6.9 | ▲0.2 | ▲0.3 |

定をプロジェクトでとりまとめを行い、それらの方針を常勤役員会で了承をもらい、実行に移すことができた。

その改善効果はすべてキャッシュフローで把握されているので、対策を行うことでどの程度の改善が行われるかは数値で把握が可能である。この経済事業プロジェクトによる改善効果は7千万円程度の改善が期待され、信用事業と経済事業による収支改善額が2億円以上になり、最終損益の改善が2億円程度改善することにつながった。

また、当JAでは、経済事業をリスク量やキャッシュフローで把握し、投資もキャッシュフローで回収できるかを検証しているため、毎年、経済事業の損益は改善してきている。信用だけで収益をあげるのではなく経済事業を含むトータルの損益を改善することで利益水準の大幅改善は可能といえる。

総合的リスクマネジメントでは、すべての事業をリスク量の計測でもそうだが収益面の管理でも月次単位でのキャッシュフローの変化のモニタリングが行われる。JA経営全体のキャッシュフローの低下を抑制し、拡大につなげられればこのように収支は大きく改善する。また、このJAの例でもあるように対策やプランをきちんと作成し、経営層に判断を仰ぎ、決定され実行されれば大きく経営の方向性を変えることができる。

## (2) H農協

H農協は、貯金が24百億円、総資産が26百億円のJAで経済事業100億円以上の経済事業の比重が高いJAである。当JAの損益の推移をみると貯金は毎年、伸びており、それにともない信用事業の利益は拡大してきた。しかしながら、事業利益の推移をみていくと年々、減少傾向を辿ってきた。事業利益の低下は信用事業の収益低下ではなく、経済事業の投資の失敗と経済事業の年々の悪化によって事業利益が低下傾向になっていた。

事業利益の低下傾向の要因は、経済事業の損益の悪化であることが明確であるため、経済事業改革を中心に改革を行うことになった。経済事

業改革に先立ち経済事業のリスク量を経済事業全体の個別事業毎に計測を行っている。

この経済事業のリスク量は、事業毎（ビジネス単位）の今後10年間のキャッシュフローをそれぞれ推定し、それを業種別の投資収益率で割り戻し、割引現在価値として求めたもので、赤字の経済事業の場合、投資が回収できない投資回収ロスと収支の赤字による収支ロスが合わさったものである。

経済事業のリスク量が縮小すれば将来の損益は改善することになる。ここで当JAの経済事業のリスク量のうち赤字になっている事業の内訳をみると図15のような内訳になっていた。図15をみると将来、損益の悪化や投資の回収ができない経済事業の合計は7,710百万円で毎年、8億円弱の赤字が今後、10年間続くことを意味している。赤字の事業のうち大きなリスク量を占めているのは、スタンド、組織購買、生活指導、レギュラー（Aコープ）が大きなリスクの内訳を占めている。少なくともこの四つの事業の改善や改革を行わないと将来とも赤字が継続し、JA

図15　経済事業のリスク量（平成24～34年度）〈改善前〉

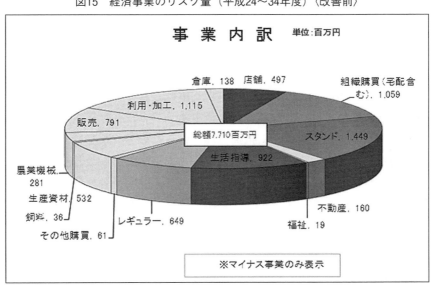

資料：H農協「経済事業改革の取り組みと実践について」より。

全体の利益水準に影響を与える事業である。このように今までなんとなくこの事業は問題があると思っていた事業のリスク量が数値で表されることにより、どの程度悪いのかが明確に示される。

　どこのJAでもスタンド事業が悪いとかＡコープが悪いとか感覚的にはわかっている。何となく悪いではなく、将来、どれだけのインパクトを損益に与えるかが数値で示されることでどの程度悪いのかがはっきりする。また、どの事業を改善したほうがいいかが明確になり、経済事業改革を行う対象の事業が明確化する。当然、将来、悪化が懸念される事業をまず改革や改善を行っていけば効率的に収支の改善が図られることになる。

　当JAではこうした現状分析の結果を受けて、経済事業改革を行うにあたって次のような基本的なスタンスを定めた。ここでは、①将来損益の改善が絶対的な条件であること、②課題のある事業に関しては事業所の統廃合を含めた抜本対策を講ずること、③課題のある事業については経済事業リスク量で半減を目指すことを基本スタンスに経済事業改革に取組むことが示された。

　また、重点的な改革事業分野として組織購買、生活文化活動、ＳＳ、店舗・レギュラー（Ａコープ）が重点的な改革対象事業として選定され、事業の統廃合を含む抜本的な経済事業改革を行うことにした。

　その後、個々の事業毎に検討案も作成され、経済事業改革案がまとめられ、組合長へ答申が行われ、理事会で承認されて経済事業改革案が実践に移されることになった。この経済事業改革を行う際にすでに経済事業の将来リスクが数値として把握されているため、改革を行えばどのような損益になるかもシミュレーション（将来予測）することができる。将来の改善効果を明確にでき、また、理事への説明や各地域への説明に関してもこうしたシミュレーション結果について改革を行わなかったらどうなるか、改革を行えばどうなるかも示せるので比較的理解されやすい。

　JAの経済事業改革でまず、統廃合の案があっていきなり改革案が示されるので、理事の反発を招き統廃合ができなかったといった事例がよ

くみられる。反発を招くのは、統廃合を行わなければ将来どうなるか、さらには改革を行えばどうなるかといった経営判断の論拠が十分に示されていないことが原因である。なぜ、そうしなければならないか。その理由を明確に示すことで大きな方向性を変える経営判断が可能になる。

また、組織討議に関しても組合員の反発を恐れてオブラートに包んだ案が示され、事実が間違って認識される場合がよくある。組合員に対しては、事実に関して包み隠さず積極的なディスクロージャーを行い、実態を知ってもらい、さらには改革への理解と納得感を得ていくことが重要である。中途半端なディスクロージャーでは後々、改革の実現に向けて遠回りをすることになる。

## ２．経済事業改革の基本方針

今般の経済事業改革は、JA の将来の経営安定のためには実践は不可欠である。とくに全体の経営課題との関連から経済事業改革を実践するうえでの基本原則を以下のとおりとしていく。

① 経済事業の経済事業改革の実践を通じて現行の赤字よりも将来損益が改善することを基本原則とする。
② 経済事業全体損益の悪化につながる事業分野については、事業所の廃止を含めた抜本対策によって損益改善を達成する事業再構築計画とする。
③ 課題となる事業分野については、将来の損益の赤字である経済事業リスク量が半分程度に収まることを目標に事業改革案を策定する。

## ３．重点的な経済事業改革分野と改善対策

### (1) 重点的な経済事業改革分野

経済事業の全体で将来獲得するキャッシュフローを経済事業リスク量としてみた場合にはその内訳は図16のとおりとなる。これをみると組織購買、生活文化活動、SS、店舗・レギュラーについては全体に占める割合が高くなっている。

103

内訳をみると今後10年間で組織購買984百万円、生活文化活動922百万円、SS1,449百万円、店舗・レギュラー1,462百万円の経済的な負担が必要な分野になっている。
　このため、これらの事業の改革や改善ができれば経済事業全体の将来に亘る損益の改善が見込まれ、最も効果的な分野といえる。
　組織購買、生活文化活動、SS、店舗・レギュラーについては、組織再編を含めた抜本的な対策を講じていくことにする。

(2) **基本的な改善対策**

　経済事業全体の損益の改善が必要不可欠なことから対象となる個別事業については、その事業再構築に関わる基本方針を定めたうえで、拠点毎に将来キャッシュフローによる分析を行い、経済事業リスク量の大きい事業所、施設の統廃合を含めた抜本的な損益対策を基本に抜本策を講じていく。

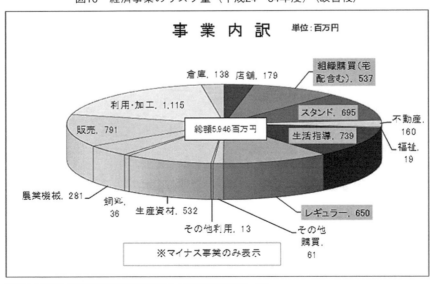

図16　経済事業のリスク量（平成24～34年度）〈改善後〉

資料：H農協「経済事業改革の取り組みと実践について」より。

第2章　イコールフッティングと総合事業

## ⑶　経済事業改革にともなう会計的な対応

　経済事業改革案に基づく臨時的な損失は、事業再構築（リストラクチャリング）にともなう臨時的な損失であるため、目的積立金の取り崩しによってその処理を行っていく。

　H農協では組織協議を重ね、その結果とりまとめられた経済事業改革による経済事業のリスク量を示したものが図16である。経済事業改革の実践による経済事業のリスク量は5,946百万円になり、図15（101頁）の改革前の経済事業リスク量7,710百万円と対比すると▲1,764百万円の経済事業リスク量の削減である。今後、10年間で1,764百万円のキャッシュアウトの削減が経済事業改革の実践によりできるので、年間の収支改善額は約2億円前後の改善が見込まれることになる。

　このように具体的にどの程度の収支改善額が見込まれるのかも経済事業のリスクを可視化、計量化することで対策を行う際の効果額も明らかにすることが可能になってくる。もちろん、こうしたシミュレーションだけではなく、経済事業改革の実現に向けては経営判断が行える論拠を明確に示し、事実や課題に関して組合員を含めて積極的にディスクローズすることで課題点の認識を深め、納得感を得て経済事業改革に取り組んでいく必要がある。

## 4．とりまとめ

　リスク量とは将来のキャッシュフローの変化額を示したもので数値化や可視化が可能なものである。総合的リスクマネジメントでは、JAの総合事業としてのリスク量を数値として表し、信用事業、経済事業等、JAの総合事業としてのリスク量を可視化し、一つの統合されたリスク量として表し、自己資本や経営体力と比べて経営の継続性を確認することができる。

　リスク量は信用事業の場合には、将来、発生する可能性のある最大損失額であり、経済事業に関しては、今後、10年間に発生する予想損失額をリスク量として捉え、リスクの可視化を行っている。リスク管理を行う際や経営改革の実践に関してもリスクの可視化ができていることが前

105

提になってくる。

　経営収支の改善のためには、JA経営全体から生じるキャッシュフローを増やせばよい。このため、総合的リスクマネジメントによる経営収支の改善や経営改革の実践については、将来キャッシュフローの改善が行えるかどうかを将来予測や経営改革による改善効果を数値で表し、経営者や理事が経営判断を行うための論拠を明確に示し、また、積極的なディスクロージャーにより納得感を得て収支の改善や経営改革に取り組んでいくことが必要である。

　また、総合的リスクマネジメントによる収支の改善や経営改革の実践については、PDCAサイクルのうち、いかにP（計画）をたてるか、D（実行）いかに経営判断し実行するかがもっとも重要である。大きな経営判断ができれば経営は大きく変わっていくし、経営改善の実現が十分可能になってくる。

# 第6節

# 経営事業改革と
# 総合的リスクマネジメント

## 1．経済事業改革と総合的リスクマネジメント

　JAの総合事業に関わる事業のリスクのうち経済事業のリスクは、今後10年間の予想キャッシュフローを予測し、事業別の投資利回りで割引現在価値にしたもの、すなわち将来キャッシュフローの見積もりから経済事業の事業価値を算定し、リスク量として数値化したものである。

　当然のことながら、赤字の経済事業は将来のキャッシュフローも赤字であり、事業価値もマイナス（お金を払わなければ事業を引き受けてもらえない）となり、経済事業のリスク量はプラスになる。とくにJAの将来収支に影響を与えるのは経済事業リスク量が大きい事業といえる。個別事業毎に経済事業のリスク量が算出されているので、将来の損益にとって影響の大きい、リスク量が大きい事業について改善が図られれば、将来にわたる経済事業の損益の改善が可能になってくる。

　経済事業の改革を実践する際に将来的にリスクが大きい事業は何なのか、どの事業が将来的に課題かについて特定化できていないと、抜本的な改革が必要な分野かどうかわからない。この事業が将来的にも課題になる事業ではないかということは、現在の赤字幅からみても何となくわかる。しかしながら、将来、赤字が拡大するのか、このまま行けばどうなるのかを知ることは損益改善のためには重要といえる。

　現在の赤字の事業が10年後に今までの傾向どおり推移した場合、どうなるのか。表12はあるJAのAコープ事業の今後の推移をみたもので、現在は1億円程度の赤字がこのまま推移するとどうなるかを推測したも

平成23年度末実績

## 表12　A農協におけるAコープ事業の経済事業リスク量

| No. | 710 | 名称 | 生活部（Aコープ合計） | 現在帳簿価額 | 135,297 |
|---|---|---|---|---|---|
| | 5 | | | | |

### 【将来キャッシュ・フローの見積り】

**1. 損益計画**　（単位：千円、％）

| | 基準年度 H23年度 | H24年度 | H25年度 | H26年度 | H27年度 | H28年度 | H29年度 | H30年度 | H31年度 | H32年度 | 10 H33年度 | 備考 |
|---|---|---|---|---|---|---|---|---|---|---|---|---|
| 1 事業収益 | 3,518,705 | 3,400,125 | 3,285,540 | 3,174,818 | 3,067,826 | 2,964,441 | 2,864,539 | 2,768,004 | 2,674,722 | 2,584,584 | 2,497,484 | 予備値 |
| 2 事業手数料（％） | 18.5% | 18.7% | 18.7% | 18.7% | 18.7% | 18.7% | 18.7% | 18.7% | 18.7% | 18.7% | 18.7% | |
| 3 取扱高による事業総利益 | 650,960 | 635,143 | 613,739 | 593,056 | 573,070 | 553,758 | 535,096 | 517,063 | 499,638 | 482,800 | 466,530 | 未来耗損的成長率 |
| 4 事業総利益成長率 | -1.0% | -3.4% | -3.4% | -3.4% | -3.4% | -3.4% | -3.4% | -3.4% | -3.4% | -3.4% | -3.4% | |
| 5 事業総利益 | 629,810 | 608,585 | 588,076 | 568,258 | 549,108 | 530,603 | 512,721 | 495,443 | 478,746 | 462,613 | 447,022 | |
| 6 事業管理要（共管除く） | 115.8% | 121.1% | 126.5% | 132.3% | 144.5% | 151.0% | 157.9% | 165.0% | 180.3% | 125.5% | 180.3% | 未来耗損管理費比率 |
| 7 事業管理費（共管除く） | 729,453 | 736,748 | 744,115 | 751,556 | 759,072 | 766,662 | 774,329 | 782,072 | 789,883 | 797,792 | 805,770 | 実績却費 |
| 8 （うち減価償却費） | 29,004 | 19,257 | 14,705 | 11,660 | 9,829 | 8,514 | 6,826 | 6,154 | 5,718 | 5,412 | 5,233 | |
| 9 共通管理配賦前事業利益　投資控除前事業利益 (5-7) | ▲99,643 | ▲128,162 | ▲156,039 | ▲183,298 | ▲209,964 | ▲236,060 | ▲261,608 | ▲286,630 | ▲311,147 | ▲335,179 | ▲358,747 | |
| 11 共通管理費率 | 0.0% | | | | | | | | | | | |
| # 共通管理費 | 0 | 0 | 0 | 0 | 0 | 0 | 0 | 0 | 0 | 0 | 0 | |
| 13 （うち減価償却費）合計 (7-11) | 729,453 | 736,748 | 744,115 | 751,556 | 759,072 | 766,662 | 774,329 | 782,072 | 789,883 | 797,792 | 805,770 | |
| # 事業利益 (5-13) | ▲99,643 | ▲128,162 | ▲156,039 | ▲183,298 | ▲209,964 | ▲236,060 | ▲261,608 | ▲286,630 | ▲311,147 | ▲335,179 | ▲358,747 | |
| 15 利率 | 30.60% | 29.10% | 29.10% | 29.10% | 27.30% | 27.30% | 27.30% | 27.30% | 27.30% | 27.30% | 27.30% | 同率で設定 |
| 16 法人税率 | | | | | | | | | | | | |
| 17 当期税引後 | ▲99,643 | ▲128,162 | ▲156,039 | ▲183,298 | ▲209,964 | ▲236,060 | ▲261,608 | ▲286,630 | ▲311,147 | ▲335,179 | ▲358,747 | |

**2. キャッシュ・フロー**

| | H24年度 | H25年度 | H26年度 | H27年度 | H28年度 | H29年度 | H30年度 | H31年度 | H32年度 | 10 H33年度 | 備考 |
|---|---|---|---|---|---|---|---|---|---|---|---|
| # 事業利益 | ▲128,162 | ▲156,039 | ▲183,298 | ▲209,964 | ▲236,060 | ▲261,608 | ▲286,630 | ▲311,147 | ▲335,179 | ▲358,747 | マイナス表示 |
| 19 設備投資 | 0 | 0 | 0 | 0 | 0 | 0 | 0 | 0 | 0 | 0 | マイナス表示 |
| 20 棚卸増減損等 | 0 | 0 | 0 | 0 | 0 | 0 | 0 | 0 | 0 | 0 | |
| 21 減価償却費〔非固定金繰出項目〕 | 19,257 | 14,705 | 11,660 | 9,829 | 8,514 | 6,826 | 6,154 | 5,718 | 5,412 | 5,233 | |
| # その他の費用 C（設備売却益含む） | | | | | | | | | | | |
| # 現金収支 C・F | ▲108,905 | ▲141,334 | ▲171,638 | ▲200,135 | ▲227,546 | ▲254,782 | ▲280,475 | ▲305,429 | ▲329,768 | ▲353,515 | |
| 23 割引前将来C・F (15-19計) | | | | | | | | | | | |
| 24 割引率　10年間 | 0.9554 | 0.9128 | 0.8721 | 0.8332 | 0.7961 | 0.7606 | 0.7267 | 0.6943 | 0.6633 | 0.6337 | |
| 25 割引現在価額 (23×24) | ▲104,049 | ▲129,011 | ▲149,687 | ▲166,757 | ▲181,143 | ▲193,781 | ▲203,811 | ▲212,048 | ▲218,737 | ▲224,033 | |

**3. 経済的残存使用年数到来時の資産の処分**

| | | |
|---|---|---|
| 26 資産の処分分時の時価 | | 処分年度　30年度 |
| 27 資産の処分分費用見込額 | | （注1）参照 |
| 28 割引率〔割引現在価額26-27〕 | 0 | 処分年度における割引率 |
| 29 割引率 | 4.7% | |
| 30 割引現在価額 (28×29) | 0.7267 | |

**4. 投資回収不能額の算出**

| | | |
|---|---|---|
| 31 グルーピング帳簿価額 (23計+28) | 135,297 | |
| 32 割引前将来C・F①総額 (23計+28) | ▲2,373,525 | |
| 33 割引後将来C・F①総額 (25計+30) | ▲1,783,057 | |
| # 投資回収額 (33-31) | ▲1,918,354 | |

確認　投資リスク量を計上

（注1）割引年数及び将来の残存価額と処分分時の正味売却価額割は一致する場合は残存価格を採用する。
（注2）処分年次は経済的耐用年数到来時年数を入力。

のである。取扱高はこれまで減少傾向を辿っており、この傾向が続くとすれば、現在30億円程度の供給高は10年後には20億円程度まで減少し、それにともなって事業利益は約1億円の赤字から10年後には4億円程度に拡大する。

現在1億円の赤字が10年後に4億円の赤字になれば、現状と同じ事業を継続していくためにはJAの別の事業で3億円の収益を生むしかない。JA全体で同じ収益水準を維持するためには、経済事業以外に3億円の事業収益の増加が必要である。他の事業で収益の増加見込めないのであれば、人件費の削減など事業管理費の圧縮を行うしかなくなる。

こうして将来、現在の傾向のまま推移すればどのような損益になる可能性があるかを知ることは、事業改革を行っていくうえでとても重要といえる。この事例でいえば、将来の3億円の赤字の拡大が許容できるかどうかは自らのJAの総合事業で生み出される利益水準に影響される。現在、最終利益が3億円であれば、将来3億円赤字が拡大すれば最終利益が出ないことになる。逆に毎年、20億円の最終利益があれば3億円赤字が拡大しても17億円の利益水準が実現できることになる。

このように、現在のJAがどの程度の収益水準を実現しているかによっても経済事業改革の意味合いは異なってくる。数億円の最終利益しかない場合には3億円も赤字が拡大すれば利益水準は大幅に低下し、最悪の場合には、赤字に陥ってしまう。利益水準が高いJAでは、少し利益水準が減少するだけなのでJA自体の経営の継続性に問題がない。しかしながら、利益水準が低いJAにとっては、3億円の赤字の拡大は将来の経営の継続性に影響をもたらす課題だといえる。

このように、JAの収益水準によっても経済事業改革の必要性や重要性は異なってくる。収益水準の低いJAであればあるほど、経済事業改革を含む経営改革を実践しなければ将来の経営の継続性に課題が生じてくる。将来を客観的に推測することで、経営改革の必要性を再確認して実践していくことが重要といえる。

## ２．経済事業改革における重点分野の設定

　経済事業のリスク量の把握は、経済事業改革を実践する際の計画づくりを行う際には基本的な事項といえる。経済事業の事業分野のうち、どの事業が将来的に大きな影響を及ぼすのかを見極めることや、将来、何も行わなければどうなるかという分析と推測がどの程度の将来の収支改善につながるのかを知るうえでも、経済事業のリスクの見える化が前提となる。その意味では、経済事業のリスク量の数値での把握が科学的、客観的に分析・予測の基となり、組合員に対しても十分説明できる実践的な改革案を策定するうえでも基本となってくる。

　経済事業のリスク量（今後、10年間のキャッシュフローによる事業価値）が把握されているという前提で、経済事業改革のためのプランづくりについて解説していくことにする。

### (1)　経済事業改革の重点分野の選定

　経済事業のリスク量が把握されていれば、今後の経済事業収支を悪化させる可能性のある事業がどれなのかがはっきりする。経済事業の個別事業の中には、赤字の事業も黒字の事業もある。経済事業のリスク量では、赤字の事業はプラスのリスク量になり、黒字の事業はマイナスのリスク量になる。

　経済事業改革において重点的に改革を行うべき事業分野を特定化するためには、経済事業リスクがプラスの事業、将来赤字が続く事業を中心に並べてみればわかる。図17は経済事業リスクがプラス（赤字またはキャッシュフローが生まれない事業）のみ取り出して円グラフに表したものである。経済事業リスクがプラスの事業のみ抽出すると、経済事業の将来損益へ大きな影響を与える事業が一目瞭然となる。

　このJAでは、経済事業のリスク量がプラスの事業のみを抽出すると、今後10年間で総額で7,710百万円のキャッシュアウトが見込まれる。これは修繕などの投資を加味していないため、実際の今後10年間のキャッシュアウトはこの経済事業のリスク量をさらに上回ると考えられる。ま

図17 経済事業のリスク量(平成24～34年度)〈改善前〉

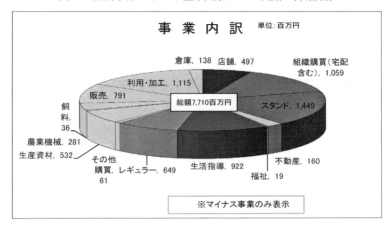

た、赤字や過大投資が生じている事業を維持していくためには、今後10年間で約80億円程度の維持経費がかかることになる。毎年7～8億円の赤字事業を行っていくことが組合員のためになるのかはJAの主観的な経営判断になるが、このJAではコンサル開始時に1億円も最終利益がなく、明らかに組合員のためとはいえ、経済事業の赤字の大きさ、さらに今後の維持のためのコストが過大なことは明白といえる。この状態で放置すれば、将来的に経営の継続性に影響が及ぶことは必至だったといえる。

当JAでは、組織再編のための委員会を設置して経済事業の改革を行うことになった。このため、組織購買(共同購入等)、生活文化活動、SS、店舗、レギュラー(Aコープ)を改革の重点事業として拠点の統廃合を含めた再編成をも考慮して、経済事業改革を行うことになった。

このように、経済事業のリスク量の大きい事業を経済事業改革の重点分野として設定して改革を行うことは、将来のキャッシュアウトの大きい事業に手をつけてキャッシュアウトを減らし、将来の事業損益を大幅に改善することにつながる。

当JAでは、平成26年度の決算の予測では9億円以上の経常利益を計上するまで損益が改善され、現在、V字回復を達成している。これは経

済事業の赤字幅の縮小が寄与している。将来の事業損益の改善に効果的な分野を設定して改革を行うことは、もっとも効果的な収支改善方法である。

### (2) 経済事業改革における計画づくりと基本スタンス

　経済事業改革について改革の重点分野を定めることと同じくらい重要なポイントがある。

　実践的、実行可能な経済事業改革のための計画（Plan）の策定には、計画の実現可能性と改革の効果を知るためにシミュレーションが不可欠になる。改革や改善策を講じたら、将来キャッシュフローがどう変わるかをシミュレーションを行って検証することは改革の効果を知るためにも重要といえる。また、シミュレーションの前提として、改革のための基本スタンスの設定が重要になってくる。

　このJAでは、経済事業改革を行う際に基本スタンスの設定を行っている。一つは経済事業の赤字の拡大は行わない、二つめには改革の重点分野の事業については統廃合を含めた抜本改革を行う、重点改革分野については経済事業のリスク量が半分になるように抜本改革を行うことを原則として経済事業改革を行うこととした。

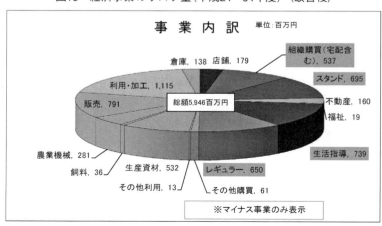

図18　経済事業のリスク量（平成24～34年度）〈改善後〉

この基本原則で経済事業リスク量を半減する目標が設定されたため、拠点統廃合を含めたシミュレーションを実施して経済事業改革のとりまとめをしている。経済事業のリスク量が半減することは、投資を考慮しなければ赤字の幅が半減することを意味している。

　実際の改革案を基に経済事業リスクを赤字の事業についてとりまとめると、図18のようになった。図17は経済事業改革を実施する前のリスク量の総額7,710百万円であったものが、経済事業改革案を策定しそのプランを実践したとすると、経済事業リスクは5,946百万円に減少することが期待される。単純に10年間のキャッシュアウトの総額を示したものが経済事業リスクとすれば（7,710－5,946）÷10＝176.4百万円となり、改革案の実践によって約2億円前後の収支の改善が見込まれることが期待される。

　これまでほとんどのJAでこうした経済事業の改革の検討の過程で試算された結果と実際の改善効果はほぼ同じような成果や効果が実現されている。

　このように、経済事業改革のための基本方針を定めて、もっとも効果の期待できる分野に関して経済事業のリスク量の削減目標をたてて目標に達するように経済事業の改革案をシミュレーションによる検討と効果の検証をしながらとりまとめていく。

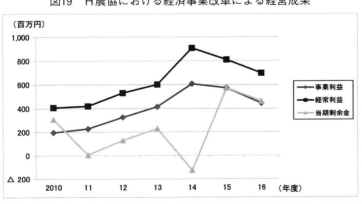

図19　H農協における経済事業改革による経営成果

注：最終利益で赤字になっているのは農林年金　特例業務負担金の引当をおこなったことによる。

# ３．経済事業改革のシミュレーションと検証

　経済事業改革案を策定する際に計画をたててその効果を検証していくためには、改革案に基づくシミュレーションを行い、検証を進めながら検討案をとりまとめていく。検討案を策定する場合には、ミドル部門の企画部門と現業部門でプロジェクトを設置して対策を検討する。

　改革の対象となる事業分野でもっとも簡単に損益を改善するためには、拠点ごとの経済事業のリスク量を算出し、経済事業リスク量の大きい拠点から統廃合を行っていくことがもっとも効果的といえる。財務的には経済事業のリスク量の大きい拠点から統廃合を行えば良いが、現場の意見を聞くと必ずしもそうではなく、地域的な条件や処理能力などの点でリスク量の大きい拠点が必ずしも廃止にはならないケースによく遭遇する。

　実際の検討では、現場の意見を参考にしながらさまざまなケースを想定してシミュレーションを実施する。経済事業のリスク量の削減目標はあらかじめ設定しているが、現場の実情を勘案するとさまざまなケースを想定して何通りかのシナリオを設定していく必要が出てくる。このため、改革のためのシミュレーションツールでは30カ所前後の拠点まで対象として、瞬時にシナリオの変更による収支改善効果を確かめられるようになっている。

　改革は現場が動いてはじめて実現できる。実現可能性を考慮しながら現場も納得し、得られる効果も確かめながら改革案を策定することが求められる。すなわち現場の納得感が重要といえる。そのための話し合いと効果を確かめながら検討を進めていくことが重要である。

　実際の事例でJAにおけるライスセンターの集約化の検討事例を紹介する。このJAでは８カ所のRC（ライスセンター）を有しているが、農家の減少や稼働率の低下で赤字が続いていた。RCの維持のためには、毎年、多額の修繕費がかかる。現状の損益は赤字で、今後の修繕などの投資計画を考慮すると予測損益は現状の１千万円の赤字から数年後には２〜３倍前後の損益の悪化が推測された（図20、改善前参照）。

114

図20　RC経営改善シミュレーション改善前と改善後

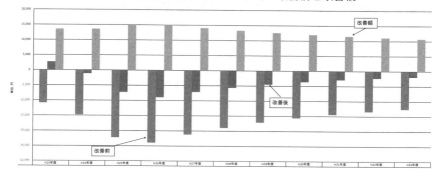

　このため、8カ所のRCのうち3カ所を集約化して残りの5カ所で運営を行うことにした。集約にあたっては、品種構成や出荷時期、処理能力、出荷農家数の動向などを加味しながら最終的に3カ所のRCの集約を行うことにした。こうした生産サイドの事情は企画部門ではわからないため、現業部門とのプロジェクト形式で検討することでより現実的な対応策の構築を行うことができる。

　RCを3カ所に集約した結果は、図20の改善後の数値と推測される。これをみると、事業を維持するための修繕投資が起きても現状の赤字幅より赤字額が縮小している。実際の対策では、近隣JAと比べて安いRC利用料であったため、若干の利用料の値上げを行い赤字から黒字への転換を果たした。

　こうした値上げなど組合員にとってマイナスの話であっても、損益や改革による効果を積極的に開示することで改善が実現している。利用料の引き上げなどはこれまでタブー視されているが、積極的に将来の推測結果や改善結果について積極的に開示することで理解を得ている。赤字で良いと考えている組合員はいないため、JA全体の経営に影響を及ぼす事象は、組合員全体、JA全体で議論し、より良い方向に展開させていくことが大切だといえる。

## ４．経済事業改革の実践とリスクマネジメント

　実際に成果が得られている JA における経済事業改革の策定のプロセスは、さまざまな検討プロセスを経て組織的に決定されていく。JA は地域社会や組合員との折り合いをつけて経営改革を実践していかなければならない宿命にある。一般企業では、赤字であれば単純に撤退すれば良いが JA の場合にはそうはいかない。

　JA の経営改革は、協同組合という組織の特性上、地域社会や組合員の納得感がなければ前に進まない。JA は単に農業者だけのためではなく、地域社会の一員として地域農業を担っていく立場にあるなかで、JA の経営改革は「なぜそれを行わなければならないのか」という説明がもっとも大切である。経営改革を実践するうえで、失敗している事例では「なぜ行わなければならないのか」という説明が十分なされていないケースが多い。JA がなくなっていい、経営が悪化していいと考える組合員はいない。自分だけが良ければといった考え方は協同組合にはないはずである。

　JA の事業が赤字ということは、信用、共済だけを利用する組合員や赤字施設のない組合員にとっては、赤字事業を利用する組合員のために他の組合員が負担しているのと同じである。本来、組合員は平等で特定の組合員が利を得ることはないはずである。また、JA は組合員が事業を利用して黒字になり、利用高配当などの形でより多く組合を利用する者に還元がなされるべきだと考えられる。赤字が組合員のためといった論理は協同組合にはないはずである。

　これまでは信用事業や共済事業の利益で経済事業の赤字を補填することが当たり前に行われてきた。しかし、信用や共済事業も低金利や共済保有高の減少によってこれまでどおりの利益の確保はむずかしい。もはや経済事業が赤字でもいいという時代は終わりつつある。さらに、JA 改革で公認会計士監査の義務づけがされるなか、一般的な減損会計の導入も視野にある。キャッシュフローが見込まれない場合には減損で大幅な損益の変動が生じている。これからは赤字事業の場合に投資をすれば

減損になり、損益に大きな変動が生じることも十分考えられる。

　JAをとりまく事業環境の変化や公認会計士監査の導入や会計制度の変更などを踏まえると、これまで以上に経済事業リスクの低減や改革を行い、赤字幅の解消を進めていくことが必要になってきている。

　実際にこれまで実践してきたJAの経済事業改革では、きまってといっていいほど手数料や拠点統廃合についてはタブーとされているところが多い。販売手数料や利用事業における手数料などの検討も行わないと収益が改善しない場合でも、これまでの経営的なタブーがあり、実際の経済事業改革に着手ができていないケースがよくある。組合員に現在の状況や将来の見通しについて積極的に開示を行い、何のために改革を行うのかをきちんと説明し、理解を得ていくことが必要といえる。

　リスクマネジメントによる経済事業改革は、現状と将来の予測をし、改革による効果も数値で把握して妥当性を確かめられるところに特色がある。数値で客観的に分析と予測ができることは、役員の経営判断にとって客観的な裏付けを与えることになる。実践的な経済事業改革のためには、まずは経済事業のリスクを数値化すること、改革の目標を設定すること、さらにはシミュレーションを行い、改革の効果を確かめること、積極的に組合員に開示を行っていくことが経済事業改革の成功のポイントといえる。

　経済事業改革の成否は、役員の決断と判断が重要であることはいうまでもない。リスクマネジメントによる経営改革は、役員の判断に合理的な根拠を与えるものであり、最終決断は役員自身にあるといえる。

# 第 3 章

## 公認会計士監査への現実的対応

 第 1 節

# 公認会計士監査と中央会監査

## 1．中央会監査と公認会計士監査の違い

### (1) 中央会監査の歴史

　平成31年度よりJAにも公認会計士監査が義務づけられる。中央会監査から公認会計士監査へ変わることによって何が課題になってくるのか。それを述べる前に、中央会監査と公認会計士監査の違いを明確にしておくことにする。

　中央会監査の歴史は公認会計士監査より歴史が古い。明治41年「産業組合連絡機関の設置と組合への監査の実施」が産業組合大会で決議され、大正13年に中央会監査部設置がなされた頃から本格的に監査が始まったとされている。折しも大正時代から昭和の初めの昭和恐慌が生じた頃になる。

　昭和恐慌の時に企業の倒産が相次いだ。企業と同様に産業組合においても経営不振に陥る組合が出始める。とくに連合会が不正を起こし経営不振に陥った。その際、産組中央会の監査権限のもと、連合会を監査し、実態を把握し、第三者の立場から客観的に事実を押さえるなかで経営の立て直しを図り、昭和恐慌のなかでも産業組合は潰れることなく乗り切ることができた。事実を客観的に捉えるなかで経営の立て直しを図ったことが、「中央会監査は指導監査である」といわれる所以である。監査によって事実を把握して、経営指導との連携によって経営の立て直しを図ったことが大きな特徴であり、本来の役割である。

## (2) 中央会監査の性格の変化

　中央会監査は、客観的な事実、課題を認識したうえで、経営の立て直し、改善を図ることが目的であるが、その役割は時代とともに変化している。中央会監査は歴史的経緯から、中央会の経営指導と連動した指導・監査といった立場で展開してきた。この経営指導と中央会監査の連携が、本来の役割を変質させることになったと考えられる。

　減損会計が導入された時に、全国でもっとも減損会計を適用して減損損失を出したのは内部留保の大きい県で、県全体で45億円程度の減損損失を計上したのに対し、もっとも少ない減損損失だったのは農業が盛んな県で、5億円の減損損失であった。というように、同じ減損会計でも県間で40億円程度の格差があった。

　本来の中央会監査は経営の課題を客観的な立場から認識、評価して経営改善や改革につなげるという役割を担っていたが、その性格故に、中央会の経営指導のスタンスによって大きな影響を受けるようになった。

　この議論は、著者自身が中央会の組織整備のなかで監査機構を設立する際に、「監査は独立性が重要であり、監査機構は中央会の外だしの独立機関とする」という案を提案したが、結局のところ監査機構を全中の内局にするという案になり、今日にいたっている。経営を改善するうえでも、客観的な事実と課題を認識するといった意味では、外部の独立した立場が必要だったのではないかと、今でも個人的には思う。

　減損会計の適用は、減損損失が少ない県は経営不振県に多く、減損を適用した県は経営の良い県へと、より県間格差を広げる結果になっている。

　中央会の経営指導も、赤字を出さないといったスタンスではなく、個々のJAの経営を改善するといった基本スタンスのうえに経営指導を展開し、厳しい事もJAのためにはいわざるを得ない。その際に監査といった権限も活用しながら経営改善を迫ることが、本来的な中央会の経営指導であり、元々の中央会の監査の考え方ではないかと思う。

　県中央会が連合会に移行するなかで、中央会の経営指導と監査の機能を見直していく必要がある。本来の中央会の「JAの経営を良くする」

といった役割のなかで、中央会の経営指導や監査の役割を見直し、位置づけることが必要と考える。問題の先送りは事態を悪化させるだけで決して良くはならない。中央会の本来の指導や監査の役割を原点に帰って見直すことが重要といえる。

### (3) 公認会計士監査と中央会監査の違い

公認会計士監査と中央会監査の違いは何であろうか。その違いは、持っている責任の違いにある。公認会計士の場合は、士業であるために不正会計などに手を出せば、当然、損害賠償と資格剥奪といった事態になる。公認会計士が不正会計に関われば自らの人生が狂う世界になる。また、監査法人も粉飾決算に関与すれば、監査法人自体が消滅する。

平成17年に発覚したカネボウの粉飾決算事件では、監査を担当していた中央青山所属の公認会計士が粉飾を指南していたとされ、同年10月3日に該当の公認会計士3名が証券取引法違反の罪で起訴された。

翌年5月10日、金融庁の公認会計士・監査審査会は、中央青山に7月1日から2か月の監査業務停止処分を命じた。これは四大監査法人にとって前代未聞の事態であり、この処分によって顧客との監査契約は7月1日で解約となり、中央青山に監査を依頼している企業に大きな混乱をもたらすこととなった。

平成19年2月20日、中央青山を引き継いだみすず監査法人が、監査業務から撤退し、他の大手3法人（新日本監査法人・あずさ監査法人・監査法人トーマツ）などへ監査業務の移管、社員・職員の移籍を行う方針を発表した。これにより、日本最大級の監査法人だった中央青山監査法人は解体されることになった。

米国のエンロン事件でもアーサー・アンダーセンが解体されたように、不正会計に荷担した場合には、公認会計士にとどまらず監査法人自体の消滅といった事態まで至ることになる。公認会計士や監査法人は自らの存在が否定される厳しい社会的責任を背負わされている。

公認会計士監査の特徴は、自らの存在に関わる厳しい監査責任を負っているため、一切、自ら監査責任をとることはしない。とくに監査対象

先（クライアント）の立場を考えて訴訟リスクや不正会計のリスクを冒すことは決してしない。

監査法人は財務諸表が正しいかどうかを証明するだけなので、赤字になると役員が大変になるといった個別の事情には斟酌しない。これは東芝の事件をみても、監査法人の監査証明としてリスクがあると判断すれば監査証明は出さない。相手がそれによって上場廃止になろうが、金融業の場合には金融事業ができなくなろうが、監査人として監査リスクがないことが確認できなければ監査証明は行わない。

また、ショートレビューといって監査契約をクライアントと締結する際に、監査リスクがないかどうかを確認するための調査、レビューを行う。このショートレビューの際に問題が見つかれば修正を求め、修正しない場合には監査契約自体を結ばないということになる。

## ⑷　公認会計士監査と全国監査機構監査法人

全国監査機構監査法人（以下、監査機構）の監督官庁は農水省であるが、公認会計士監査（監査法人監査）の監督官庁は金融庁であり、監査の監督官庁が農水省から金融庁へ変わることとなる。また、公認会計士協会への加盟が義務づけられる。

これによって、監査法人は、金融庁内の審議会（公認会計士・監査審査会）や日本公認会計士協会の立ち入り検査等を受けることとなり、監査の品質レベルに問題がある場合は、公認会計士協会からの品質レビューと改善が指摘され、問題が深刻であれば金融庁より業務停止命令等の行政措置がなされる。

監査法人では、金融庁より業務停止命令等が出されないように、調書の整備や品質レビューが行われており、定期的に公認会計士協会からの外部レビューが行われる。これまで監査機構はこうした外部のレビューを受けることはなかったが、一般の監査法人になれば公認会計士協会からのレビューや金融庁の検査を受けることになる。（図21参照）

監査機構が一般の監査法人として継続していくためには、世間と同水準の監査の品質管理と厳格さが求められる。このため、基本的にJAに

図21 公認会計士監査の品質レビューと監督

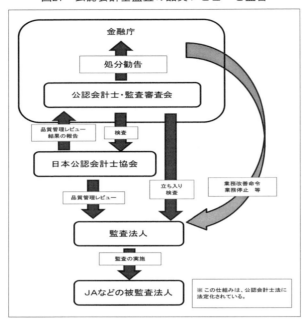

対し、より一層厳格な監査を行なわざるを得ないことになる。また、一定の監査の品質とクライアント（JA）を第三者の立場でみるといった独立性が強く求められることになる。クライアントからの独立性がなければ、監査法人へ転換しても監査法人としての継続性はむずかしくなる。

公認会計士が少数の監査法人も世間にはないので、どのように独立性を保っていけるかが課題であるとともに将来の有り様を決めるといっても過言ではなくなる。

監査法人の構成員で公認会計士の割合が少ないといった事態は、いずれ公認会計士が大半を占める団体に移行が必要になる。監査法人での農協監査士の位置づけは微妙になってくるであろうし、果たす役割の見直しが必要になってくる。

中央会が連合会に移行しても中央会監査の機能は残る。このため、指導監査といった中央会監査の原点に立ち戻り、新たな中央会の監査機能の位置づけや役割を考える時期に来ているのではないかと思われる。

## ２．公認会計士監査への対応課題

### ⑴　公認会計士監査に向けた意識転換の必要性

　これまで述べてきたように、公認会計士監査ではJAは監査法人にとっては１クライアントに過ぎない。このため、監査契約は個々のJAと監査法人が結ぶことになる。また、監査法人が事前のショートレビューに入った際に、監査リスクが高い、つまり監査法人が訴訟リスクを被る場合には監査契約を結ばないことになる。公認会計士は、自らの資格や会計士としての存在にも影響が及ぶようなリスクは一切取らないのが普通であり、財務諸表に虚偽の記載がないか、会計処理が正しいかということしか関心がないため、個別の事情、たとえばその会計処理によって赤字になって困るといったことは会計士には関係がない。一切の個別のJAの事情の斟酌は行わないと思った方が良い。

　実例を掲げると、支店統廃合を総代会で決議し、統廃合に向けた年次計画も承認されたが、減損の適用については一度に減損を行うと赤字になってしまうので実際に支店統廃合がされた際に減損を行えば良いとの中央会の了解を得て、減損については実際の統廃合時に減損を行うといったケースがあった。会計実務指針のなかでは、リストラクチャリングによって将来キャッシュフローに変化がある場合には減損の兆候に該当する。当然、統廃合される年次以降はキャッシュフローを生まないので減損が必要になる。したがって、損失の延べ払いになるこのような会計処理は一切認められない。

　県一など大型合併構想が出され、合併を急ぐあまり合併が目的の合体農協をつくるケースがある。これからは合併を急ぐために妥協をして合併すると大変なことになる。

　たとえば別の例で、職員300名以下の旧JAが退職給付会計で簡便法を行っており、合併後の県一JAでも退職給付会計で簡便法と原則法の両方の会計基準を併用して適用している場合がある。同一の法人であれば退職給付会計が二つあることは考えられない。こうした状態になっているのは、退職給付会計を統一すると県域合併時に損失が出るためとみ

125

られる。こうしたことは普通には認められない。合併前にあらかじめ損失処理を行っておくことが必須といえる。

このように、個別の事情を斟酌することは公認会計士監査ではできないと考えておいたほうが良い。中央会が良いかどうかを判断するのではなくなり、あくまでも公認会計士が判断することになる。また、会計上の立証責任はクライアントにあり、これまでのように、中央会の指導でいわれたが会計上の理屈や理由はよくわからないといったことは通じない。自らの会計処理について説明ができること、つまり自己説明責任が問われることになる。

公認会計士監査では、会計士は自らのリスクをとることはなく、中央会が会計処理にお墨付きを与えるといったことも一切ない。仮に中央会のお墨付きがあっても、公認会計士が納得できなければ監査証明は得られない。さらに、自らの会計処理について会計上の理由を自らが説明するといった自己説明責任が厳格に問われることになる。

## (2) 公認会計士監査対応に向けた内部統制整備の課題

公認会計士の証明監査では、一切の監査上のリスクをとることはなくなる。こうした公認会計士監査への対応するためには、JA自体の意識を変える必要がある。対外的な説明責任、会計処理の理由づけ、理論的根拠を用意することが必要になってくる。

これまで、全国監査機構監査のヒアリングにおいて、「中央会や連合会の指導どおりに対応している」とか、「昔からの慣習で対応している」といったことが許容されていた。こうしたことはなくなると考え、まず、個々のJAにおける説明責任といった意識改革が必要である。

現在、公認会計士監査対応で内部統制の整備が課題としていわれている。確かに内部統制に依拠して外部監査の証明があるので、内部統制の課題は重要であるが、先に述べているように、内部統制の前に棚卸評価に最終仕入原価法を採用しているようなJAは、棚卸資産の評価方法を今の会計基準に適合するよう（会計上、最終仕入原価法はない。今まで監査証明が出たのは不思議である。）に変える必要がある。

こうしたローカルルールが存在しないかどうかを認識して、公認会計士監査の義務づけまでに処理を行っていく必要がある。その意味では、自らの経営を点検して計画的に処理を行っていく必要がある。

公認会計士監査では、中央会監査で行っていたすべての監査項目を検証するといった実証的手続から、監査対象組合が作成した内部統制の有効性を評価し、内部統制が有効に機能していれば試査範囲を狭めて、内部統制の有効性がないと判断すれば試査範囲を広げて監査を行うといった、よりリスクが大きいところを中心に監査を実施する「リスクアプローチ手法」による監査手法を採用している。

図22にみられるように、内部統制によるリスクコントロールが有効に機能している場合には監査上の残存リスクも小さくなり、試査範囲も狭めることができる。公認会計士監査でいわれている内部統制の重要性も、リスクアプローチ監査による監査の効率化と監査リスクの低減が背景にある。リスクアプローチ監査による証明では、内部統制の有効性があるかないかがポイントになってくる。このため、現在、巷でいわれている「内部統制の整備については業務マニュアルを整備すれば内部統制ができる」といった考え方はまったくの誤りといえる。内部統制の有効性について立証ができなければ、そもそも業務マニュアルを一生懸命つくったところで意味がない。内部統制の有効性とは、業務のなかの仕事の流れやそこでのリスクの所在、リスクコントロールはどうしているかといったことを対外的に説明できるかどうかということである。

図22　内部統制の有効性と監査リスク

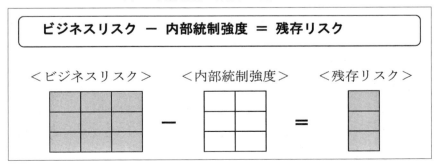

対外的な内部統制の有効性の説明責任が果たせるかどうかが、公認会計士監査におけるリスクアプローチ監査に対応する鍵となる。上場会社では、内部統制に関する証明を公認会計士の監査証明として得るため、内部統制の整備は所謂、内部統制の３点セット「業務記述書」、「業務フロー」、「リスクコントロールマトリックス」を整備していくのが普通である。JAは上場会社ではないので、内部統制の有効性について必ずしもこれらの３点セットの整備の義務はないが、葬祭からSSまで多岐に亘る事業を展開しているため、内部統制の整備と有効性の確認は、公認会計士監査のリスクアプローチ監査対応のためには必要になると考えられる。とりあえず、業務マニュアルだけ整備しただけでは内部統制の整備を行わないのと同じである。内部統制の有効性を見い出すためには、現場段階での職員がリスクの所在とコントロール、管理について説明ができ、毎年、内部統制についての見直しがなされて更新されていること、さらには内部監査が内部統制のモニタリングとして機能させるなど、今までの仕事の流れを大きく変えていく必要がある。いってみれば、内部統制の整備と有効性の確保は、これまでのJAの経営文化を、自らで理由や説明を対外的に行える自己説明責任と業務の大幅な見直しが必要になるということである。

　公認会計士監査におけるリスクアプローチ監査への対応は、自らの組織が構築した態勢（内部統制）で、業務を適正に処理したことを証明するとともに、その根拠が説明できなければならない。つまり、公認会計士のヒアリング時に、所属長、担当者が、業務の手順やどんなリスクがあるのか、それに対してどんなコントロール（けん制行為）をしているのか、説明できなければならない。説明ができない場合には"内部統制の不備"と判断され、監査工数の増大や監査契約を結ばないといった可能性がある。監査リスクが高く、公認会計士監査の証明が得られない場合には、信用事業譲渡を余儀なくされるといった事態に陥ることを念頭に置かなければならない。内部統制の整備は、金融機関としてJA自らの課題として捉え、整備を行い、自らが継続的に運営していくことが求められている。（図23参照）

第3章 公認会計士監査への現実的対応

図23 公認会計士監査と内部統制の整備

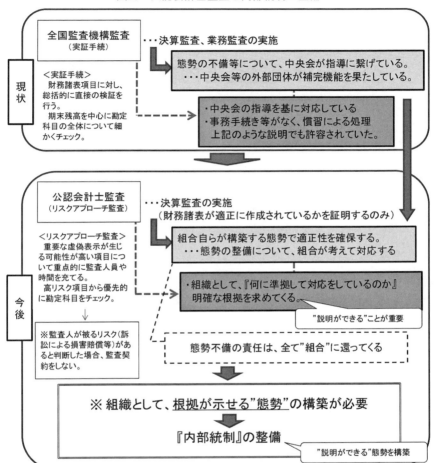

 第 2 節

# 公認会計士監査と内部統制の整備

## 1．公認会計士監査と内部統制

### (1) 公認会計士監査とリスクアプローチ監査

　前章でみたように公認会計士監査への移行にあたっては、これまでの中央会監査における実証的手続きから、監査先の内部統制の整備を前提としたリスクアプローチ監査へ監査手続き自体が変わってくる。今までの実証的手続きのように、残高試算表にある勘定科目の中から、主要簿、補助簿を閲覧し、その内容を確かめていくのとは異なり、リスクアプローチ監査は、基本的には内部統制の整備を前提に、自己リスクコントロールのなかでリスクが相対的に高いとみられるコントロールや対象を中心に監査を行い、監査の効率化を図るという考え方に基づく監査手法である。単に監査時間が大きく短縮されるだけではなく、監査を一定の方法、根拠に基づいた手続きに依拠することで、監査法人にとって損害賠償など裁判や係争になった場合に監査手続きに瑕疵がないことを立証するための根拠となる手続きといえる。

　内部統制の整備の課題は単に監査報酬の問題だけではなく、業務の洗い出しと見える化、さらには管理方法の統一などの業務の簡素化と効率化などのためでもある。内部統制は、業務の見える化とリスクコントロールの有効性を確保し、内部管理の高度化と効率化に結びつけることが重要といえる。

## (2) 内部統制の整備の意義

　リスクアプローチ監査では内部統制の整備や有効性が前提になるが、JA の内部統制の整備については、現在、混乱がみられる。

　上場会社では、内部統制報告書の虚偽記載等について責任があり、それは無過失責任であり、過失責任減免規定はない。これに対して、非上場会社の内部統制については、会社が必要と判断する体制を整備するのみで良いとされている。非上場では、内部統制の課題は役員の善管注意義務に該当し、責任は組合員代表訴訟による損害賠償請求対象になるが、内部統制の整備が直接の原因で代表訴訟になるケースは実際にはかなり少ないと考えられる。内部統制の整備は非上場会社では義務ではなく、自主的な内部運用にかかわる整備とされている。極端なことをいえば、自らの業務の仕組みとして十分にリスクとコントロールができていればなくても良いことになる。実際に信金は公認会計士監査証明の対象になっているが、内部統制文書を整備していないケースも存在する。（表13参照）中小企業に過大な負担を掛けると、人員の制約もあり、実際に運用できるかといった課題もあり、公認会計士監査の対象であっても内部統制文書の整備を行っていないケースも存在する。

　たとえば、SS 事業を想定した場合、業務内容は容易に想像がつく。事業の種類が単体の事業ではリスクの所在や業務の流れ（SS では車にガソリンを入れて料金をもらう）を想像できる。これは信用金庫でも銀行業などの業務はある程度の想像がつく。これに対して JA ではどうであろうか。金融業から葬祭までといった幅広い事業の展開を行っている。さらに、地域の事情によっては農業関連でさまざまな事業形態が存在する。

　単体事業であればそれほど問題にならないことが、総合事業を展開している故に、全体像をつかむためにどのような事業が行われているか、さらにはどのようなリスクが存在するか、などを把握する必要がある。そのためには、事業内容やリスクコントロールに対してどのようなことが実施されているかがわからないと、会計士にとってリスクのない監査証明が行えない。

　JA でも、現場でどのようなことが行われているかを十分に把握して

## 表13　金融商品取引法と会社法における内部統制の相違点

| | 金融商品取引法・財務報告に係る内部統制 | 会社法における内部統制 |
|---|---|---|
| (1)設置主体 | **内部統制報告書を代表取締役が作成し、監査法人等の外部監査人が内部統制監査証明を行う** | **取締役会**が基本的な方針を決定する |
| (2)システムの水準や内容 | 正確な財務諸表・有価証券報告書を作成するため、また、監査人の監査対象となる内部統制報告書を作成する前提となる**内部統制の内容が基準として示される**<br>↓<br>金融商品取引法、内閣府令等で内部統制評価基準、監査基準の形で具体化される | **善管注意義務**を尽くしたか否かの判断に資するという目的から、会社が自ら整備すべきものであり、**その内実を具体化・明確化されて**おらず、会社法・会社法施.規則では基準・雛形を定めていない |
| (3)範囲 | **財務報告に係る内部統制**<br>財務報告に係る内部統制の方が一見狭そうに見えるが、財務報告に係る内部統制についての内部統制報告実務を履行するためには、会社の業務全般についての内部統制を整備する必要があるため、範囲は広い | **会社業務全般における内部統制** |
| (4)COSOフレームワークとの関係 | リスク管理に係る具体的な事項をチェックするプロセスは、COSOフレームワークが掲げる目的・基本的要素を基準として日本化しており、COSOフレームワークと整合的 | 取締役としてどこまで整備すれば善管注意義務を尽くしたと主張できるか否かの観点が柱であり、COSOフレームワークとは直接関係しない |
| (5)整備を要する体制の均一性・精度 | 財務諸表の正確な作成という目的のために必要な体制・プロセスの構築ゆえ、各企業にとって同一の統一した体制、プロセスを考えやすい | 企業、業務の属性に応じて必ずしも同一・統一したものとは限らない |
| (6)評価・開示 | **内部統制報告書で開示**<br>公共財としての証券市場の公正さの維持のため、一定の水準の整備が義務付けられ、**経営者自らが財務報告に係る内部統制の有効性を評価して報告書を作成し、外部監査人が監査・証明を行うことが求められる** | 事業報告で開示<br>会社が必要と判断する体制を整備するのみ<br>経営者が有効性を判断することも、監査役の監査の直接の対象となることもない |
| (7)改善・見直しの要否 | **期末までに重要な欠陥や不備を修正するべく改善、見直しが必要となる**<br>毎年、経営者は内部統制報告書を作成し、監査役監査をうける必要がある | 企業を取り巻く社会的情勢は時々刻々と変化するため、その変化に応じて不断の見直しが求められる |
| (8)対象者 | 証券取引法・金融商品取引法が適用される**有価証券報告書提出会社に適用** | 有価証券報告書提出会社に限定されない<br>基本は大会社に適用 |
| (9)責任、罰則 | **内部統制報告書の虚偽記載等について責任がある**<br>無過失責任であり、過失責任減免規定はない | 内部統制の不整備、不十分な整備に付き善管注意義務違反として株主代表訴訟に問われ得る<br>善管注意義務に違反するか否かは過失責任であり、責任減免規定がある |

いる役員は少ないと思われる。自分自身がわからないことを会計士にわかってくれというのは酷というものである。JAの総合事業といった特色を考慮すると、内部統制文書の整備は自らのリスクコントロールのために必要な経営基盤環境を整備するといった性格が強いと考えられる。

## 2．内部統制の整備と運用

### (1) JAにおける内部統制の整備

JAにおける内部統制の整備と運用について、どのように考えたらいいのであろうか。内部統制の構築においては、形式的に形を整えるのではなく、内部統制の有効性があるかどうかがポイントになる。内部統制の有効性が確保されていなければ意味がない。

内部統制の有効性とは、単に内部統制にかかわる資料を作成するだけでは十分ではない。内部統制の有効性の確保のためには、内部統制文書を整備したうえで、職員がその内容を理解して、JAの現場の業務で"運用"していることが求められる。さらには、内部統制の運用状況について公認会計士に"説明"ができることが重要である。この"運用"ならびに"説明"を行うツールが内部統制文書というものである。（下図参照）

公認会計士に「内部統制が有効である」と判断されるためには、整備だけでは不足

職員が理解して「運用」していること

運用状況について「説明」できること

「運用」と「説明」をサポートするツール
内 部 統 制 文 書

この内部統制文書とは、通常は「業務手順書」「業務フロー図」「リスクコントロールマトリクス（RCM）」といわれる３点を指す。金融商品取引法の内部統制報告制度は、企業の財務報告に係る業務に対する内部統制の実施を規定し、財務諸表の作成のプロセスに係る内部統制を経営者が評価し、その結果を『内部統制報告書』として提出することを義務づけている。この『内部統制報告書』として提出する文書として「財務報告に係る内部統制の評価及び監査に関する実施基準」において例示されているツールが「３点セット」と呼ばれている。具体的には以下のようになる。

---

・業務の流れ図（業務フロー図）…業務の手順を記述する。
・業務記述書…業務の詳細な内容を文書で記述する。
・リスクと統制の対応（RCM）…業務プロセスにおけるリスクとその対応策の一覧表。

---

　これはあくまでも例示されただけで、必ずしもこの三つの様式の文書が必要であるわけではないが、経営者自身が財務報告の信頼性にかかわる業務プロセスを選定し、評価するためには、３点セットの様なモノの作成が必要になる。

　内部統制の有効性を示すためには、まず、どのような重要な業務があるか、その業務の流れはどうなっているのか、さらにはその業務の流れのなかでどのようなリスクが存在し、どのようにコントロールされているかを明らかにすることが求められる。

　必ずしも所謂、内部統制の３点セットはいらないが、要素としてこれらが説明できることが必要になってくる。また、そのリスクコントロールに対する管理表や証憑書類、根拠となる規定などが求められる。どのような書式であっても、内部統制文書の整備は内部統制の有効性を説明するためには不可欠なものといえる。

　内部統制の目的に「業務の有効性・効率性」、「財務報告の信頼性」、「法令等の遵守」、「資産の保全」という四つの目的があるが、公認会計士監

図24 内部統制の目的

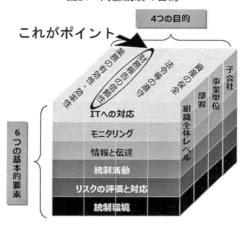

査で必要になってくるのは「財務報告の信頼性」である。これは上場会社で内部統制の報告書として義務化されているもので、監査証明ではこの「財務報告の信頼性」に関わる内部統制の整備をまず行っていくことが求められる。まだ、内部統制の文書化が行われていないJAについては、この「財務報告の信頼性」の目的に絞って内部統制文書の作成を進めていくことが必要である。(図24参照)

### (2) 内部統制の整備と運用のポイント

日本版JSOXが話題になった際に、JAでも内部統制の文書化整備が盛り上がった時期があった。そのため、JAでも内部統制の整備を行ったが、現状では作成した内部統制を維持し、更新しているところは少ない。この状況では内部統制の有効性といってもむずかしいといわざるを得ない。これは内部統制の整備範囲を財務報告の信頼性だけではなく、不祥事防止など広範囲に文書化の対象を広げすぎたためと考えられる。

不祥事防止も重要な内部統制の文書化の対象範囲であるが、公認会計士監査対応を考えた場合、公認会計士監査では財務諸表の正しさを証明するので、中心的な内部統制の整備は財務報告に関する正確性に関わるものに限定して整備を行うことが必要である。

内部統制文書の更新や有効性を確保するためには、文書化対象範囲を限定することがもっとも重要といえる。JAのマンパワーも限られていることから、毎年、更新が可能な範囲に内部統制の文書化対象を限定することで対象部署も限定し、実際に定着化も図ることが可能になる。実際に毎年、更新・見直しを行っているところでは、その対象範囲が限定されて、今でもJAの経営文化として内部統制が定着化している。

　説明が可能な有効な内部統制の構築には、3点セットを作成するかどうかより、まず対象範囲を限定することが重要である。

## 3．JAにおける内部統制の構築

### (1)　内部統制の有効性判定

　JAにおける内部統制の構築をどのように考えたら良いのであろうか。公認会計士監査で内部統制の不備によって黒字から赤字に転換する「赤黒反転」のような事態にならないよう組合員代表訴訟など訴訟リスクを避けるのが当然必要と考えられる。

　監査の証明においても、重要性の判断基準というものを設定して、会計処理の誤りや内部統制の不備による許容範囲を設定している。このエラーの許容範囲に内部統制の不備による影響金額が入っているか否かで内部統制の有効性があるかどうかを判定する。このため、重要性の判断基準値以内に内部統制による不備金額が収まっているか、または不備金額があっても期末までに修正が行われ訂正されているかどうかが重要になってくる。

　このエラーが許容される範囲は、一般の監査法人では、税引前当期剰余金の5％以内に収まっているかどうかが求められる（大手監査法人では2.5％ともいわれる）。利益ベースで赤字、黒字の反転が起きないようなレベルに内部統制の不備金額を抑えることが重要になる。

　内部統制の有効性の判定では、内部統制の不備がおよぶ範囲を業務プロセスから発見された不備がどの勘定科目への影響をおよぼすのかを検討し、影響の発生の可能性を検討し、質的または金額的重要性（税引前当期剰余金の5％）がある場合には、内部統制に重大な欠陥があり、内

第3章　公認会計士監査への現実的対応

表14　重要性の判断基準と内部統制の有効性判断

```
┌─────────────────────────────────────────────────────────────┐
│  ┌───────────────────────────────────────────────────────┐  │
│  │           ① 不備の影響が及ぶ範囲の検討                  │  │
│  │  ┌─────────────────────────────────────────────────┐  │  │
│  │  │ 業務プロセスから発見された不備がどの勘定科目等に、どの範囲で│  │  │
│  │  │ 影響を及ぼしうるかを検討                            │  │  │
│  │  └─────────────────────────────────────────────────┘  │  │
│  │  ・ある事業拠点において、ある商品の販売プロセスで問題が起きた場合、当該販売プロセスが│  │
│  │    当該事業拠点に横断的な場合には、当該事業拠点全体の売上高に影響を及ぼす。│  │
│  │  ・問題となった販売プロセスが特定の商品に固有のものである場合には、当該商品の売上高│  │
│  │    だけに影響を及ぼす。                                │  │
│  │  ・他の事業拠点でも同様の販売プロセスを用いている場合には、上記の問題の影響は当該他の│  │
│  │    事業拠点の売上高にも及ぶ。                          │  │
│  └───────────────────────────────────────────────────────┘  │
│                           ⇩                                  │
│  ┌───────────────────────────────────────────────────────┐  │
│  │           ② 影響の発生可能性の検討                     │  │
│  │  ┌─────────────────────────────────────────────────┐  │  │
│  │  │ ①で検討した影響が実際に発生する可能性を検討        │  │  │
│  │  └─────────────────────────────────────────────────┘  │  │
│  │  ・発生確率をサンプリングの結果を用いて統計的に導き出す。│  │
│  │  ・それが難しい場合には、リスクの程度を発生可能性を、例えば、高、中、低により把握し、│  │
│  │    それに応じて、予め定めた比率を適用する。            │  │
│  │  ※影響の発生可能性が無視できる程度に低いと判断される場合には、判定から除外│  │
│  └───────────────────────────────────────────────────────┘  │
│                           ⇩                                  │
│  ┌───────────────────────────────────────────────────────┐  │
│  │       ③ 内部統制の不備の質的・金額的重要性の判断       │  │
│  │  ┌─────────────────────────────────────────────────┐  │  │
│  │  │ ①及び②を勘案して、質的重要性及び金額的重要性（例えば、連結│  │  │
│  │  │ 税引前利益の概ね5％程度）を判断                    │  │  │
│  │  └─────────────────────────────────────────────────┘  │  │
│  │  ※不備が複数存在する場合には、これらを合算（重複額は控除）する。│  │
│  └───────────────────────────────────────────────────────┘  │
└─────────────────────────────────────────────────────────────┘
                           ⇩
┌─────────────────────────────────────────────────────────────┐
│  質的又は金額的重要性があると認められる場合、重要な欠陥と判断  │
└─────────────────────────────────────────────────────────────┘
```

部統制の有効性がないと判断される。重要性の判断基準値以内に内部統
制の不備が収まっていることが求められるため、内部統制の構築の際に
も、この重要性の判断基準値、税引前当期剰余金の5％を基準に内部統
制の整備対象を絞っていくことが重要になってくる。（表14参照）

## (2)　重要勘定科目の抽出

　内部統制の構築の際に、重要勘定科目の抽出と対象事業の特定をどう
行っていけばよいか。

　内部統制の有効性に関しても監査上の重要性の基準値があるため、そ
の基準値を用いて内部統制に関わる重要勘定科目の抽出を行っていく。

　実際のJAでの税引前当期剰余金の5％の金額の設定は、過去3年間

137

の税引前当期剰余金の平均を用いて基準金額の算出を行っている。これは過去３年程度の平均的な収益水準を基本に、それより大きい金額の勘定科目を機械的に抽出している。例示したJAでは、平均的な税引前当期剰余金の５％の金額が約19億円なので、その５％の96百万円を上回る勘科目に量的基準として該当の「○」が付いている。さらに個別判断として、リスクの発現の可能性、質的判断を加え、総合判断として最終的に内部統制整備の対象になる勘定科目を設定している。（表15、16）

　この質的判断においては、事業に関連するもの、さらには販売仮受金など重要性の基準に満たない場合でも、リスクの側面から重要性がある場合には該当させるように内部統制の整備対象となる勘定科目を設定している。また業務とは直接関係のない繰延税金資産の計上や退職給付会計など、見積り会計にかかわるものに関しては、量的基準からは該当するものの根拠資料が明確であり、期末監査の重点対象となる勘定科目から外している。（決算監査で会計士が検証する勘定科目）

　この重要勘定科目の設定に関しては、実際に証明監査を行う会計士との協議が必要であり、できるだけ最小限になるよう対象を絞っている。最終的に監査証明に責任を負うのは公認会計士であり、責任を負う会計士の見解を踏まえて内部統制整備の対象になる勘定科目を設定することが重要である。

　この内部統制の整備に該当する勘定科目の設定に関しては、JAにおける理論の整理を行い、JAの見解を公認会計士に示す必要がある。内部統制の構築に関しても、公認会計士のコンサルを受けているから、中央会の指導だからといったことではだめである。自らの内部統制の構築にあたった背景なり考え方を述べる必要がある。自らの考え方を証明責任のある公認会計士に投げかけることで、違う意見も採り入れ、自らの内部統制をより高度なものにすることができる。

## (3)　重要事業、拠点の抽出

　内部統制の構築にあたって、対象になる重要な事業と拠点に関しても明確にすることが必要になってくる。どのように対象となる事業と拠点

第3章　公認会計士監査への現実的対応

## 表15　貸借対照表の内部統制対象科目

| H25度 税引前当期利益 | 2,162,632 | | 3か年平均 | 1,939,297 |
| H26度 税引前当期利益 | 1,781,873 | 3か年平均 税引前5% | 96,965 |
| H27度 税引前当期利益 | 1,873,386 | | | |

●資産

| 科目 | | 平成27年度〔3千円〕 | 3か年平均<br>税引前5%超<br>（量的判断） | 個別判断<br>（質的判断） | 総合判断 | 判断理由 | 関連事業 | 関連部署 | 関連事業所 |
|---|---|---|---|---|---|---|---|---|---|
| 信用事業資産 | | 763,226,510 | ○ | — | — | | | | |
| 現金 | | 1,212,751 | ○ | — | — | | | | |
| | 現　　金 | 1,187,607 | ○ | × | × | 各事業の中で整理するため | | | |
| | 小 口 現 金 | 25,143 | × | × | × | | | | |
| 預金 | | 554,043,320 | ○ | — | — | | | | |
| 系統預金 | | 554,042,087 | ○ | — | — | | | | |
| | 系統当座預け金 | 142,087 | ○ | ○ | ○ | | 信用事業 | 金融部 | 資金課 |
| | 系統定期預け金 | 553,900,000 | ○ | ○ | ○ | | 信用事業 | 金融部 | 資金課 |
| 系統外預金 | | 1,232 | × | × | × | | | | |
| 有価証券 | | 45,961,255 | ○ | — | — | | | | |
| 国債 | | 14,538,579 | ○ | — | — | | | | |
| | 国　　債 | 14,538,579 | ○ | ○ | ○ | | 信用事業 | 金融部 | 資金課 |
| 地方債 | | 23,957,225 | ○ | — | — | | | | |
| | 地 方 債 | 23,957,225 | ○ | ○ | ○ | | 信用事業 | 金融部 | 資金課 |
| 政府保証債 | | 5,154,396 | ○ | — | — | | | | |
| | 政 府 保 証 債 | 5,154,396 | ○ | ○ | ○ | | 信用事業 | 金融部 | 資金課 |
| 社債 | | 2,311,054 | ○ | — | — | | | | |
| | 社　　債 | 2,311,054 | ○ | ○ | ○ | | 信用事業 | 金融部 | 資金課 |
| 貸出金 | | 159,192,826 | ○ | — | — | | | | |
| | 証 書 貸 付 金 | 149,571,704 | ○ | ○ | ○ | | 信用事業 | 金融部 | 審査保全課、各支店 |
| | 当 座 貸 越 | 2,120,322 | ○ | ○ | ○ | | 信用事業 | 金融部 | 審査保全課、各支店 |
| | 金融機関貸付金 | 7,500,800 | ○ | ○ | ○ | | 信用事業 | 金融部 | 審査保全課 |
| 経済事業資産 | | 2,518,330 | ○ | — | — | | | | |
| 経済受託債権 | | 927,826 | ○ | — | — | | | | |
| | 販 売 立 替 金<br>（出荷奨励米） | 5,077 | × | × | × | | | | |
| | 販 売 立 替 金<br>（要育苗精算金） | 1,634 | × | × | × | | | | |
| | 販 売 立 替 金<br>（大豆民間備蓄） | 298 | × | × | × | | | | |
| | 販 売 仮 渡 金<br>（米） | 65,648 | × | ○ | ○ | | 販売 | 営農部 | 農産販売課 |
| | 販 売 仮 渡 金<br>（大 豆） | 42,388 | × | ○ | ○ | | 販売 | 営農部 | 農産販売課 |
| | 販 売 仮 渡 金<br>（青 刈 稲 他） | 49,488 | × | ○ | ○ | | 販売 | 営農部 | 農産販売課 |
| | 販 売 仮 渡 金<br>（下 農 麦） | 55,056 | × | ○ | ○ | | 販売 | 営農部 | 農産販売課 |
| | 販 売 仮 渡 金<br>（K 農 麦） | 131,323 | × | ○ | ○ | | 販売 | 営農部 | 農産販売課 |
| | 販 売 仮 渡 金<br>（O O 農 麦） | 198,940 | × | ○ | ○ | | 販売 | 営農部 | 農産販売課 |
| | 販 売 仮 渡 金<br>（S 農 麦） | 13,219 | × | ○ | ○ | | 販売 | 営農部 | 農産販売課 |
| | 販 売 仮 渡 金<br>（M M 農 麦） | 90,502 | × | ○ | ○ | 「販売仮渡金」に関 | 販売 | 営農部 | 農産販売課 |
| | 販 売 仮 渡 金<br>（F 農 麦） | 5,568 | × | ○ | ○ | して、統制する必要<br>があると判断 | 販売 | 営農部 | 農産販売課 |
| | 販 売 仮 渡 金<br>（H 農 麦） | 3,679 | × | ○ | ○ | | 販売 | 営農部 | 農産販売課 |
| | 販 売 仮 渡 金<br>（U 農 麦） | 5,580 | × | ○ | ○ | | 販売 | 営農部 | 農産販売課 |
| | 販 売 仮 渡 金<br>（I 農 麦） | 794 | × | ○ | ○ | | 販売 | 営農部 | 農産販売課 |
| | 販 売 仮 渡 金<br>（コ 万 麦 ） | 12,890 | × | ○ | ○ | | 販売 | 営農部 | 農産販売課 |
| | 販 売 仮 渡 金<br>（一 般 保 有 ） | 124,598 | ○ | ○ | ○ | | 販売 | 営農部 | 農産販売課 |
| | 販 売 仮 渡 金<br>（ロ 万 保 有 ） | 39,290 | × | ○ | ○ | | 販売 | 営農部 | 農産販売課 |
| | 販 売 仮 渡 金<br>（生 乳 ・ Y ） | 77,613 | × | ○ | ○ | | 販売 | 営農部 | 農産販売課 |
| | 販 売 立 替 金<br>（本 務 対 象 外 ） | 4,232 | × | ○ | ○ | | 販売 | 営農部 | 農産販売課 |
| 固定資産 | | 21,278,364 | ○ | — | — | | | | |
| 有形固定資産 | | 21,108,695 | ○ | — | — | | | | |
| 建物 | | 13,887,974 | ○ | × | × | | 管理 | 総務部 | 総務課 |
| 機械装置 | | 3,859,157 | ○ | × | × | | 管理 | 総務部 | 総務課 |
| 土地 | | 15,589,922 | ○ | × | × | 事業に直接関係な<br>い勘定科目のため | 管理 | 総務部 | 総務課 |
| リース資産 | | 382,362 | ○ | × | × | | 管理 | 総務部 | 総務課 |
| その他の有形固定資産 | | 3,906,474 | ○ | × | × | | 管理 | 総務部 | 総務課 |
| 減価償却累計額 | | -16,521,194 | × | × | × | | | | |
| 無形固定資産 | | 169,668 | ○ | — | — | 事業に直接関係ない勘定科目のため | | | |

139

## 表16　損益計算書の内部統制対象科目

|  | H25度 税引前当期利益 | 2,162,632 |  | 3か年平均 | 1,939,297 |
|---|---|---|---|---|---|
|  | H26度 税引前当期利益 | 1,781,873 |  | 3か年平均 税引前5% | 96,965 |
|  | H27度 税引前当期利益 | 1,873,386 |  |  |  |

●損益計算書

| 科目 | 平成27年度(千円) | 3か年平均 税引前5%超(量的判断) | 個別判断(質的判断) | 総合判断 | 判断理由 | 関連事業 | 関連部署 | 関連事業所 |
|---|---|---|---|---|---|---|---|---|
| 事業総利益 | 10,114,814 | ○ | — | — |  |  |  |  |
| 信用事業総利益 | 5,536,553 | ○ | — | — |  |  |  |  |
| 信用事業収益 | 7,189,472 | ○ | — | — |  |  |  |  |
| 資金運用収益 | 6,807,262 | ○ | — | — |  |  |  |  |
| 預金利息 | 3,696,273 | ○ | — | — |  |  |  |  |
| 系統外当座預け金利息 | 24 | × | × | × |  |  |  |  |
| 系統定期預け金利息 | 957,646 | ○ | ○ | ○ |  | 信用事業 | 金融部 | 資金課 |
| 系統外普通預け金利用 | 5 | × | × | × |  |  |  |  |
| 受取助成金 | 2,738,595 |  |  |  |  | 信用事業 | 金融部 | 金融企画課 |
| 購買事業総利益 | 885,074 | ○ | — | — |  |  |  |  |
| 購買事業収益 | 4,225,957 | ○ | — | — |  |  |  |  |
| 購買品供給高 | 4,146,598 | ○ | — | — |  |  |  |  |
| 購買品供給高 | 4,146,598 | ○ | ○ | ○ |  |  |  |  |
| 購買手数料 | 7,354 | × | × | × |  |  |  |  |
| その他の収益 | 72,004 | × | × | × |  |  |  |  |
| 購買事業費用 | 3,340,882 | ○ | — | — |  |  |  |  |
| 購買品供給原価 | 3,253,951 | ○ | — | — |  |  |  |  |
| 購買品受入高 | 3,253,951 | ○ | ○ | ○ |  |  |  |  |
| 購買品供給費 | 82,294 | × | × | × |  |  |  |  |
| その他の費用 | 4,635 | × | × | × |  |  |  |  |
| 貸倒引当金戻入益 | -2,764 | × | ○ | ○ | 見積要素の高い勘定科目の為 |  |  |  |
| 利用・加工事業総利益 | 401,731 | ○ | — | — |  |  |  |  |
| 利用・加工事業収益 | 831,603 | ○ | — | — |  |  |  |  |
| 製品卸売高 | 30,966 | × | × | × |  |  |  |  |
| 製品卸売高(f) | 1,058 | × | × | × |  |  |  |  |
| 製品販売高(N) | 1,065 | × | × | × |  |  |  |  |
| 加工雑収入 | 113 | × | × | × |  |  |  |  |
| 利用料 | 2,809 | × | × | × |  |  |  |  |
| 利用料(資材) | 150,353 | ○ | ○ | ○ |  |  |  | 農産販売課・営農センター |
| 利用料(ライスセンター) | 30,631 | × | × | × |  |  |  |  |
| 利用料(CE) | 238,196 | ○ | ○ | ○ |  |  |  | 農産販売課・営農センター |

購買品供給高 内訳：
園芸購買(1,425,738千円 シェア34.3%)
生活購買(436,807千円 シェア10.5%)
店舗購買(1,019,948千円 シェア24.6%)
燃料購買(566,995千円 シェア13.7%)
農機購買(657,638千円 シェア15.9%)
産直プラザ(39,456千円 シェア1.0%)

購買品受入高 内訳：
園芸購買(1,204,332千円 シェア36.9%)
生活購買(395,557千円 シェア12.2%)
店舗購買(821,729千円 シェア25.3%)
燃料購買(270,915千円 シェア8.3%)
農機購買(529,869千円 シェア16.3%)
産直プラザ(31,582千円 シェア1.0%)

【事業直接収益】
温泉(120,879千円 シェア13.9%)
保管(37,778千円 シェア4.3%)
カントリー(252,680千円 シェア29.1%)
ライス(34,277千円 シェア3.9%)
育苗(152,017千円 シェア17.5%)
農作物受委託(171,573千円 シェア19.7%)
特定農地(1,400千円 シェア0.2%)
農機利用(21,559千円 シェア2.5%)
農機利用(精米)(12,937千円 シェア1.5%)
加工(41,876千円 シェア4.8%)
旅行(22,991千円 シェア2.6%)

を明確にしていけば良いのであろうか。基本的には、先に抽出された内部統制の文書化の対象となる勘定科目のおよそ２／３を占める事業を抽出することで、部統制の文書化の対象になる事業を絞り込むことができる。

　たとえば、内部統制の対象となる購買品供給高の内訳のうち、Ａコープ、SS を合わせると購買品供給高のうち２／３を占めるのであれば、それ以下の事業については基本的には文書化の対象にしなくて良い。さらに２／３以下の事業に関しては、重要性、リスクの発生の可能性を考慮して文書化の対象とするか否かを決定すれば良い。

　最終的に、内部統制の不備が勘定科目の残高に影響する度合の大きい

事業を、量的な側面と質的な側面から対象範囲を絞り込むことが重要といえる。また、内部統制の文書化の対象になった事業に関しては、リスクのコントロールに関する規定や管理書類を明確にしていく必要がある。経済事業に関しては、事業運営に関わる根拠規定や管理書類が統一されていないケースが多い。内部統制の対象となった事業に関しては、属人的な管理はやめて統一的な管理になるように整理、統一化していく必要がある。

### ⑷　内部統制の鳥瞰図とシステムの整理

　内部統制の対象になる勘定科目と事業が特定化されれば、内部統制の運用や体制がどのように描けるのかを明確にし、整理をすることが重要である。これは公認会計士に対してどのような形で運用されるのか、説明を行う際にも有効と考える。

　また、システムに関しても、具体的に現在のシステムなどが連動なのか非連動なのかを明確にして、非連動の部分に関しては勘定残高に誤りが生じる可能性があるので、内部統制の文書化のなかで誤りの訂正に関しての検証をコントロールに入れておくことも重要である。

　実際のJAで内部統制に関わる鳥瞰図を整理したものが188〜189頁の図（参考資料３）になる。これをみると対象部署、担当部門が明確になっており、事業における主な内部規定の洗い出しが行われており、業務・財務に関わるシステムがどのようになっているかが示されている。

　実際の内部統制に関わる運用のイメージや概略が説明できるものがあれば説明がしやすい。また、役員にどのような形で内部統制が運用されるのかも説明がしやすい。この鳥瞰図では、部門・拠点の明示に加えて、どのような事業が内部統制の対象としてコントロールされているかがわかるようになっていればベストである。

　役員が自らの組合の内部統制について説明ができないようでは、そもそも内部統制の有効性などは論外になってしまう。自らの内部統制の運用やコントロールに関して、役員自らが説明できる態勢にしておくことが重要である。

141

# 第 3 節

# 内部統制の構築の実際と対応方法

## 1. 内部統制プロジェクトの設定

　内部統制に関わる重要勘定科目と事業が明確になれば、次に実際に内部統制の文書化の構築の作業になってくる。内部統制の文書を実際につくっていくためには、関連する部署から内部統制の担当者を選定してプロジェクト形式で検討していくことが必要になってくる。内部統制によるコントロールの範囲は、JAの全事業にかかわってくる。

　内部統制は経済事業だけ行えばいいというものではない。重要科目や事業の選定で関連してくるところはすべて対象になる。そうでなければ、なぜ経済事業だけを対象に行っているのかといった理由の説明が必要になる。内部統制が有効であるか否かは、重要科目、事業における内部統制の不備金額を算定することによって内部統制が有効かどうかを判断する。このため、JAにおける主要な事業すべてが対象になる。

　関連する部署を集めてプロジェクトを結成して具体的な文書化作業を行うことになるが、個々の部署だけで作成すると、まとめ方や見方に統一性もなくなる。実際のJAでは、リスク管理課などのコンプライアンスなどを担当する部署が全体のとりまとめ役となり、各部署と協議しながらプロジェクト案を策定している。リスク管理課では、現場から提出された業務の流れや証憑書類、規定などの洗い出しができているかどうかを確認しながら、実際の内部統制の文書化を進めることになる。

## 2．文書化の段階的整備

　すでに内部統制の対象になる勘定科目と事業の絞り込みが行われ、その過程で内部統制の対象になる拠点も明確になっているので、実際の内部統制文書の作成段階になる。

　この内部統制文書の作成では、内部統制のプロジェクトを立ち上げて検討を行っていく。実際のJAでは、この内部統制文書の構築を、①業務の洗い出し、②業務におけるプロセスの洗い出しと内容の確認、③業務プロセスにおけるリスクの所在の明確化とコントロール、といった3段階のプロセスを踏んで完成させる。

### ⑴　ステップ1：業務の洗い出し

　ワーキングチームにおいて、財務諸表に与える影響が高い（税引前当期利益の5％を超える）勘定科目を使用する業務を洗い出す。

　業務を洗い出し後、作成担当者等を含め、今後の共通認識を図るべく打合せを行う（以降、次のステップに進む際には、打合わせを行ってから作業に入ることにしている）。このプロセスでは、リスク管理課など内部統制の統括部署と現業との仕事の内容の精査を行い、対象となる業務を明確にする。農機購買事業を例にすると、購買品受入、供給、在庫管理、代金回収といった業務が抽出されている。重点事業と関連してどのような業務が行われているかを列挙する。どのような業務が行われているかが明確になれば、その業務に関連したプロセスの洗い出しといった作業に移行することになる。

| 事業 | ステップ1 | | ステップ2 | |
|---|---|---|---|---|
| | 勘定科目 | 業務 | プロセス | プロセスの内容 |
| 農機購買 | 購買品受入高 | 受入業務 | | |
| | 購買品供給高 | 供給業務 | | |
| | 繰越購買品 | 棚卸業務 | | |
| | 購買未収金 | 未収金管理業務 | | |

143

## (2) ステップ２：プロセスの洗い出しと内容の把握

ステップ１で認識した業務について、例示で示されているものや他の JA の事例等を参考にプロセス（流れ）を洗い出す。その後、各プロセス（流れ）の内容を把握する。プロセスの内容については、「誰が、何を、どうして、どうするのか、（５Ｗ１Ｈ）」を明確する。

| 事業 | ステップ１ | | ステップ２ | |
|---|---|---|---|---|
| | 勘定科目 | 業務 | プロセス | プロセスの内容 |
| 農機購買 | 購買品受入高 | 受入業務 | マスタ登録 | 誰が、何を、どうして、どうするのか、（５W1H）を明確にしつつ、各プロセスの業務内容を記入する。 |
| | | 購買品受入業務 | 発注 | |
| | | | 受入 | |
| | | | 伝票入力 | |
| | 購買品供給高 | 供給業務 | | |
| | 繰越購買品 | 棚卸業務 | | |
| | 購買未収金 | 未収金管理業務 | | |
| | | | | |
| | | | | |
| | | | | |

この例では、購買品の受入に関してマスター登録、発注、受入、伝票入力といった業務のプロセスが示されている。実際の受入業務でどのようなプロセスを経ていくのかを明らかにしていく。

## (3) ステップ３：内在するリスクとコントロールの洗い出し

ステップ２において認識した各プロセスの内容を基に、そこに内在するリスクとそれに対するコントロール（けん制行為）を把握する。

前述の例では、購買品受入業務でマスター登録や発注、受入、伝票入力などのプロセスで誤入力や誤発注などのリスクが生じて、購買品受入高の残高に過ち、不備が発生する可能性がある。人が介在するところでは、絶えず間違えるリスクが発生する可能性があるので、どのようなリスクなのか、どのようなコントロールでリスクが生じないようにコントロールしているかを明確にする。

このリスクコントロールのなかで受入簿や検証する書類が介在すると想像されるが、これらの検証される資料は JA 独自のものである可能性が高いので、書類や様式に関しても把握しておくことが必要である。

| 事業 | ステップ2 | | ステップ3 | |
|---|---|---|---|---|
| | プロセス | プロセスの内容 | リスク | コントロール |
| 農機購買 | マスタ登録 | 誰が、何を、どうして、どうするのか、(5W1H) を明確にしつつ、各プロセスの内容を記入する。 | 各プロセスに、内在するリスクとそれに対するけん制行為を誰が、何を、どうして、どのようにけん制しているのか、(5W1H) を明確に記入する。 | |
| | 発注 | | | |
| | 受入 | | | |
| | 伝票入力 | | | |
| | | | | |
| | | | | |
| | | | | |

## ⑷ ステップ４：作成担当者によるデータ入力（業務フロー図、業務記述書、RCMへの反映）

　各ステップにおいて、把握した情報、業務内容、業務プロセス、リスクコントロールを基に、内部統制システムなどを活用して入力等を行い、「業務フロー図」、「業務記述書」、「RCM（リスクコントロールマトリックス）」を完成させる。

　公認会計士は、農協の業務に精通しているとは限らない。そのため、「業務フロー図」や「業務手順書」を見て、農協の業務を理解する。すなわち、公認会計士が、内部統制文書を見て、農協の業務が理解できる程度の内容にしなければならない。

　これまでのステップで内部統制に関するすべての要素は網羅されているので、所謂、内部統制の３点セットやそうではない様式でも同じような要素を含んだ内部統制文書ができあがることになる。

　実際のJAでは、すべてを完成させるまでに４か月程度の作業日程で行っている。内部統制の文書化の範囲を限定することで、早期にかつ短期間に内部統制文書を構築することが可能になってくる。実際には、ステップ１の業務の洗い出しで１週間、ステップ２のプロセスの把握で３週間、ステップ３のリスクの把握とコントロールで３週間の日程で完了させている。ここまでできれば、後は正式内部統制の３点セットとして完成させるだけになる。

# 第 4 節

# 内部統制の有効性確保

## 1．内部統制の不備金額の算定

　内部統制が有効に機能しているか否かを判断するためには、内部統制の不備金額を算定して、その不備金額が税引前当期剰余金の5％以上であれば有効性はないと判断し、5％以内であれば一定程度内部統制の有効性があると判断する。このため、内部統制が有効かどうかは、まず、この内部統制の不備金額を算出し、財務諸表が正しく表示されているかどうかの検証が行われる。

　前出の表13（132頁）は、公認会計士監査において内部統制の有効性に関して不備金額を算出してその影響がおよぶ範囲を考慮して最終的な不備金額の算定を行い、税引前当期剰余金の5％以内かどうかで内部統制の有効性の検証をすることを示している。このように、内部統制が有効かどうかを検証し、判断するプロセスは数値で判断するので有効かどうかが明確である。

　この不備金額を算出するための手法が「サンプリング」方法になる。すべての莫大な取引を調べていてはとても時間が足りない。このため、サンプル調査を行い、エラーの発生の程度を調べたうえで全体の内部統制不備がどこまで及ぶ可能性があるのかを推定して不備金額の算出を行っている。統計的な推定に基づく算定になる。

　表17は、取引の頻度によってどれだけサンプル数をとるのかが変わってくるのを示している。当然、週単位、月次単位、年単位でしか発生しない取引のサンプル数は少なく、毎日、発生して頻度も多い取引につい

表17　内部統制監査におけるサンプリングの考え方

| 実施頻度 | サンプル数（件） |
|---|---|
| 年 次 ・ 半 期 | 1 |
| 四 　 半 　 期 | 2 |
| 月 　 　 　 次 | 2 |
| 週 　 　 　 次 | 5 |
| 日 　 　 　 次 | 25 |
| 都 度 ・ そ の 他 | 25件または母集団数の10％のいずれか小さい値 |

（注）　1　全社的な内部統制、全社的な観点で評価する決算・財務報告プロセスおよび整備、運用状況が有効と評価されるIT全般統制のもとで行われる自動化された内部統制については、サンプル調査の件数を評価実施時点で入手可能な任意の1件とする。
　　　　2　決算・財務報告プロセスにおける内部統制等、特定の日に同一の内部統制が複数回い実施される場合は、サンプル調査の件数を、評価対象となる内部統制の実施件数を母集団数として25件または母集団数の10％のいずれか小さい数とする。

ては25のサンプルを抽出して、そのなかからエラーがどの程度発生するかどうかを検証して、不備金額を算出することになる。

　サンプリングの方法は無作為抽出などでランダムに抽出する。エクセルなどで乱数を発生させて25のサンプルを抽出する方法も実務的な対応としては良いと考えられる。サンプリングを行ってエラーの数がいくつ存在するかで、全体の不備の発生の可能性を統計的に推定する。

　日本公認会計士協会「財務報告に係る内部統制の監査に関わる実務上の取扱い」では、内部統制監査の実施基準の例示として25件のサンプル数は許容誤謬率が9％、サンプリングリスク10％で信頼度が90％、予想誤謬率が0％を仮定するとしている（25件のサンプリングでエラーがでない状況を想定）。

## ２．数値による内部統制の有効性判定

　上場会社では財務報告に関する内部統制の有効性を自ら説明する責任があることから、内部監査部門が中心になってサンプリングを行い、内部統制の不備金額を算定して、内部統制の有効性について評価を毎期行っている。数値で内部統制の有効性が計測されるため、文書化された内

部統制の有効性のうち、どの分野の業務に内部統制の不備が多いかが一目瞭然になる。

この内部統制の有効性の検証やモニタリングの役割を果たすのは内部監査の役割になってくる。最終的に内部統制の有効性を数値により把握するが、内部監査での有効性評価の第一歩は「ウォークスルー」と呼ばれる手続きを行う。ウォークスルーとは、取引の開始から取引記録が財務諸表に計上されるまでの流れを追跡する手続きである。実施基準では、経営者によるウォークスルーの実施は必ずしも求められていないが、「①取引フローの理解・整理の検証」、「②職務分掌の状況の検証」、「③コントロールの整備状況の評価」というような目的を達成するにはウォークスルーを行うことが有効といえる。

こうした内部統制でのフローを中心に流れや検証の仕組みを追うことで、勘定科目への計上の流れが正しいかどうかが検証される。さらにキーとなるリスクコントロールとその有効性を検証するためにサンプル抽出を行い、どの程度エラーが生じるかを把握して、最終的に勘定科目の計上に対してどれだけ不備金額の存在の可能性があるかを把握し、内部統制の有効性について検証することになる。

## 3．内部統制の有効性に向けた内部監査の役割

### (1) 内部統制のモニタリングと内部監査

内部統制の有効性を保つために考え方や方法を大幅に見直さなくてはいけないのが内部監査である。これまでの印鑑がないとか事務ミスを中心に指摘を行ってきただけの内部監査では、内部統制の有効性を評価する内部監査にならない。また、内部監査も公認会計士監査と同様にリスクアプローチ監査になっていかなければならない。公認会計士監査の証明において、内部統制の有効性は、内部監査によって絶えずモニタリングされ、内部統制の有効性について一定の評価がなされ、公認会計士監査でも同様に確かめられれば、外部監査として内部監査の結果に依拠することができる。

この内部監査の内部統制の評価結果を信頼して、外部監査として内部

監査に依拠できるかどうかが大きなポイントになってくる。内部統制の有効性に関して内部監査でその有効性が確かめられていることは公認会計士監査では監査証明における重要な要素となる。このため、内部監査の内部統制の評価業務をいかに行っていくかが大きなポイントといえる。

## (2) ロールフォワードとフォローアップ

### ① 内部監査による内部統制の有効性評価

内部監査による内部統制の有効性評価は、重要な勘定科目、たとえば購買品受入高などに関わる業務のなかでどのようなプロセスで業務が行われ、勘定科目への計上がなされるのかは、一連の流れをフローチャートなどによって確認するウォークスルーの手続きを行う。この際、実際の業務の流れとフローチャートに示された業務の流れとの差異があれば、修正すべき点として意見形成を行う。(整備状況の確認)

次に業務フローのなかからリスクの所在とコントロールがどのように行われているかを検証して、キーになる(重要な)コントロールを抽出する。キーコントロールについては、勘定科目へ計上されるデータに誤りがないよう必要なコントロールを選定していく。

キーコントロールに対してサンプリングを実施してエラーの率から不備金額を算出し、検証やエラーがなく勘定科目に計上できているかどうかを検証し、とりまとめる。ウォークスルーによる内部統制の有効性検証の例では図25のようなサンプルがある。これらをとりまとめると内部監査の調書のイメージが想定できる。(ウォークスルーの結果とサンプリングテストの結果をとりまとめる。)

図25　内部統制の有効性評価とウォークスルー

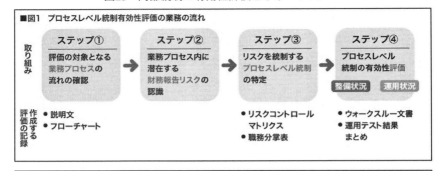

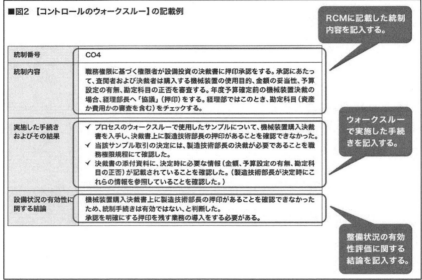

② ロールフォワードとフォローアップ

　内部監査による内部統制の有効性の検証を行う際に、監査の方法も考える必要がある。サンプリングやウォークスルーの結果、サンプリングエラーもなく、内部統制の有効性が確認できれば、一定の期間、内部統制が有効と判断するのがロールフォワードといわれる監査手法になる。これを示すと図26のように示される。年度の前半に内部統制の有効性検証をウォークスルーによるプロセスチェックとキーコントロールに対し

図26　内部監査計画におけるロールフォワードとフォローアップ

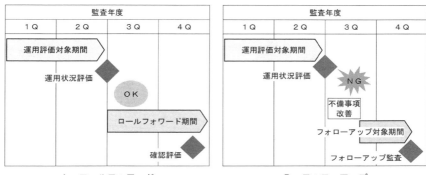

てサンプリングテストを行って有効性が確認できれば、後半の半年間も内部統制の有効性は大丈夫だと考えるやり方である。

　逆に内部監査による年度前半のウォークスルーとサンプリングテストの結果、エラーが検出された場合には、監査意見を表明して後半はフォローアップと再び、キーコントロールのサンプルテストを行い、監査指摘の修正とエラーの修正が行われていれば、内部統制の有効性は期末時点の評価をもって最終評価を行うことになる。

　内部監査の人的資源も限られていることから、内部統制の有効性を検証する監査を効率的に進めていくために、このロールフォワードとフォローアップといった考え方を基に、監査計画や検証を進めていく。

　このように、内部監査も単に「稟議書に印鑑がない」という指摘ではなく、重要なリスクコントロールでの検証が行われているかに重点を置いた内部監査の方法に変わることが求められる。

## 4．内部統制の経営文化としての浸透

### (1)　内部統制の周知徹底

　内部統制の有効性確保に向けて今までの内部監査のやり方を大幅に見直すとともに、公認会計士の監査を受けた時に業務の流れや業務に存在するリスクの把握とコントロールを説明できることが求められる。内部統制の文書化の３点セットかそうでない形式にしろ、業務に携わる者が

151

質問に対して的確に答えられ、説明でき、周知徹底され、その業務フローに従って業務が進められていることが必要になってくる。

そのためには、職場内で内部統制に関わる担当者や役席者を明確にした会議体の設置が必要といえる。また、内部統制とは何かといった話を含めた研修機会などを開催して、少なくとも役席者、責任者は十分に答えられるよう周知徹底が重要である。公認会計士に聞かれたとき、ウォークスルーなどで流れを確認する際に答えられないようでは、内部統制の有効性がないと考えられてもおかしくない。

実際、内部統制の定着化に向けて内部統制の担当者会議、責任者会議といった会議体を設けて周知徹底を図っている JA もある。また、四半期毎に開催して内部監査の結果を踏まえて対策を検討するとともに、勉強会などを開催してレベルの向上を図ることも有効である。

最終的に内部統制が有効である状態を継続していくためには、内部統制が経営や組織にとって必要不可欠なものになっていかなければ、JA の経営文化として定着化したとはいえない。内部統制の有効性を支えるのは、いかに経営文化として定着化するかどうかにかかっているといっても過言ではない。

## (2)　内部統制の有効性確保に向けた初年度対応

平成31年度からの公認会計士監査の義務づけに向けて、平成30年度から内部統制の仕組みを実践していくことが必要になってくる。

実際の実務では、年度初めに内部統制の基本方針を策定して年度の対応の基本を定めていく。この基本方針の策定では、税引前当期剰余金も変動することや重要性についても見直しが必要なため、内部統制の範囲の見直しによって新たな内部統制の文書化の必要性や、業務方法が変更になったために削除を行うなどの検証（見直し）を行うとともに、内部監査の指摘事項を踏まえた重点施策を定め、そのうえで決定する。

決定した基本方針の策定を受けて、年度前半を中心に内部統制のサンプリングと有効性検証作業を行い、有効性について確認する。内部統制の有効性についてはウォークスルーとサンプリングテストによる検証を

行い、指摘内容と不備金額がどこでどれだけあったかを内部統制の会議体や役員に報告する。数値で有効性が報告されているので、役員も自らのJAの内部統制がどの程度有効であるかもわかるようになる。

下期に向けては、内部統制で課題があった部門や業務について不備の修正に向けたフォローアップを行い、最終的に期末までに内部統制の不備金額を解消していく取組みになる。

こうした年間の流れが想定されるが、内部統制の文書化を行っただけでは、有効性があるかどうかの検証や文書自体の修正も必要なため、年度前半の内部統制の有効性検証を広範囲に行っていくことが必要と想定される。（表18参照）

表18　有効性確保に向けた初年度対応

| 年度初め | ・内部統制の基本方針の策定<br>・内部統制の範囲の見直し→新たな文書化、削除<br>・内部監査指摘などを基にした重点施策の構築 |
|---|---|
| 年度前半 | ・内部監査による内部統制のモニタリング<br>・サンプルテスト→有効性検証<br>・未文書化対象の文書化作業 |
| 年度後半 | ・有効性→不備のフォローアップ<br>・業務改善による効率性向上→文書見直し |

## 5．内部統制の有効性確保のためのポイント

最後に公認会計士監査への対応における内部統制の構築と運用で重要となるポイントをまとめてみた。（表19）。内部統制の有効性の検証に関しては、公認会計士監査で行われるサンプリングと不備金額を算定してその有効性を確かめれば、金額ベースで内部統制が有効かどうかが判明する。

公認会計士と同様な確認方法について、内部監査を中心にモニタリングを行うため、有効性の証明と内部監査結果を外部監査で依拠できるようになる。したがって、内部統制の有効性確保が図られる。

表19　有効性確保のためのポイント

① 　内部統制の文書化をすることではなく、内部統制の有効性確保が重要であること。

② 　とくに公認会計士監査証明との関連では、財務報告に関する内部統制の整備に焦点を絞って内部統制の整備を進める必要がある。

③ 　JA自らが内部統制の構築にあたっての対外的な説明責任を果たし、説明ができることが求められる。

④ 　単に経済事業だけを対象に内部統制の整備を進めればよいという訳ではなく、全組合的なすべての事業が内部統制の整備の対象になる。

⑤ 　公認会計士監査では、実際に監査証明を行う会計士との話し合いが重要で、内部統制の整備の範囲に関しても被監査組合と会計士との合意が必要。

⑥ 　実際に監査責任を負う会計士がショートレビューなどの形で内部統制の範囲の確認などを行っている訳ではないので、内部統制の文書化はできるだけ最小限の範囲にすべきである。

⑦ 　内部統制の有効性を確保するためにも、対象範囲を限定することが必要。毎年の更新や有効性確保のためには、できるだけ単純化したものでなくてはならない。

⑧ 　対象範囲を絞り込むためには、税引前当期剰余金の5％を基準に、内部統制の不備による赤黒反転が生じないように重要な勘定科目を抽出し、組合としての対象範囲を絞る。また、決算でわかる勘定科目は排除して重要性を加味して勘定科目を限定する。

⑨ 　対象となる事業に関しては、勘定科目残高の2／3に達する事業を対象にする。また、重要性を勘案して決定する。

⑩ 　有効性の確保、検証に関しては、公認会計士監査で行われる内部統制の不備の金額が、税引前当期剰余金の5％以内に収まっているかで確認する。

⑪ 　そのため、内部監査において内部統制のフローが正しいかをウオークスルーとキーコントロールに対するサンプリングテストで確かめる。内部統制の不備金額の算定では、勘定残高に対して不備が存在する確率を基に、不備金額が発生する可能性の金額を算出して検証する。

⑫ 　内部統制の有効性確保のための仕組みの構築を整備して、内部監査を内部統制のモニタリングと位置づけ、自らの内部統制の有効性を立証できるようにすることが必要不可欠である。このためには、JAの経営文化として内部統制が定着化することが必要となる。

# 第 4 章

## 地域・利用者の JAの支持向上

 第1節

# ＪＡ改革と利用者分析の重要性

## １．とくに重要な利用者把握と分析の必要性

　JA改革の集中推進期間後も総合農協として存続していくためには、地域社会と組合員にJAが支持されることが必要である。それは、JAの利用者の把握と分析が重要になってくる。

### (1)　組合員資格の適合状況の把握
　利用者の把握はまず、定款上の組合員の資格との適合状況の把握と点検を行うことが組織基盤を守るうえで重要になってくる。正組合員の農地の所有要件、農業従事日数などの実態を把握し、既存の組合員がJAの事業利用を継続的に行えるかを検証することが必要である。
　組合員資格の点検を行ったうえで、どのような組合員資格がもっとも組織基盤を維持していくことにつながるか、事業利用制限などの影響が少ないかなどの検討が必要になってくる。

### (2)　組合員ニーズの把握と重要な利用者の認識
　JAの事業は「２、８の原則」といわれるように、少数の組合員が大部分の事業分量や収益の大半を占める。組合員の取引結果はJAに対するニーズの現れといえる。どのようなニーズを組合員が持っているかを把握することが必要といえる。そのうえで、潜在的な事業ニーズがどこにあるか、ニーズに対応して必要なサービスを提供して、個別の取引の深耕を図っていくことが重要といえる。取引が深まれば組合員にとって

第4章　地域・利用者のＪＡの支持向上

の重要性を高めていくことができる。

　どのようなニーズがあるのか、どのような利用者がどのような形態で事業を利用しているのか、また、潜在的なニーズがどこにあるのかを把握するにも利用者の取引の分析を行わなければ把握ができない。事業の推進目標だけではなく、組合員のニーズがどこにあるのかを把握して取引の深耕を図り、利用者にとっての必要性を高めていくことが必要である。

### ⑶　組合員満足度の把握と満足度の向上

　事業のニーズは事業取扱高に表れてくるが、組合員のＪＡに対する満足度は利用者の意識の中にあるため、アンケート調査を行い把握するしかない。そこで、利用者の満足度を５段階に分けて把握を行い利用者の満足度を数値化して現状を把握しておくことが必要である。

　どのような点に満足度を感じ、どこに不満を感じているのか、利用者の状況を把握して満足度の低いものを高め、ＪＡ全体の満足度を向上させていく方策や対策を考えていくことが必要である。

### ⑷　利用者ニーズ、組合員満足度の把握とエリア戦略

　利用者ニーズを把握し、組合員満足度がわかれば、それを支店別などに分解して、どの支店での満足度が低いのかが把握できる。地域での必要性を高めていくこともＪＡ改革時代に残っていくために必要といえる。

　地域エリア戦略を確立するためには、利用者ニーズ、組合員の満足度を数値化して把握していくことが必要である。地域でのＪＡの必要性を高めていくためにも、利用者の収益貢献度や組合員の満足度を数値化して地域別に状況を確認して対応策を構築して、より地域での重要性を高めていくことが重要といえる。

### ⑸　利用者分析の必要性とモニタリングの重要性

　組合員の資格の適合状況は組織基盤を守っていくためにも必要である。早急な確認と対応策を構築していくことが必要である。

157

JAに対して利用者はどのようなニーズがあり、潜在的なニーズがどこにあるのか、どのような利用者がいるのかを明確に意識することは、ニーズに基づくサービスの提供をどうしていくか、取引の深耕をどう図っていくのかということに他ならない。取引の深耕度合いは、総合事業での収益性貢献度といった数値化された尺度で測ることができる。

　組合員の満足度を測ることは利用者の満足度を数値化することであり、満足度を向上させていくことはJAの必要性を高めることに他ならない。

　利用者の満足度の数値化を図り、到達すべき満足度の数値目標を設定し、モニタリングを行い、利用者の満足度が高まっているかどうかを把握していくことは、利用者にとってのJAの必要性をみることにつながっていく。JA改革時代で残っていくには、利用者の支持や地域でのJAの支持を高めていくことに他ならない。

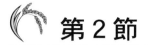

# 第2節

# JA事業利用者類型と事業利用の深化

## 1．利用者類型とマーケティングへの応用

　実際のJAの総合事業取引の名寄せデータからクラスター分析を行ったJAの事例と、個別利用者の事業利用拡大のマーケティングへの応用について述べていく。特殊なケースを除いてほとんどのJAでクラスター分析（類型化する統計的な手法）によって分類化、類型化が可能といえる。

　JAは元々、組織の成り立ちがメンバーシップであり、個々の利用者が事業の利用を目的とした協同組合である。組合員の事業の利用を通じて事業、経営が成り立っているのが協同組合である。JAと組合員の事業取引の結果は、組合員のJAの事業に対するニーズの結果であると考えられる。組合員自ら自分のニーズにあった取引を選択した結果が事業の取扱高といえる。この組合員の事業利用をパターン化、分類を行うことは、同じニーズを持った組合員のグループをまとめることと同じといえる。

　クラスター分析による組合員の事業利用パターンのマーケティングへの応用は3通りの応用が想定できる。

　一つめは、グループの平均的な事業利用を知ることで、グループの平均と個別の利用者の利用状況を比較し、よりJAを利用してもらう可能性のある事業分野を特定化し、個人取引の拡大につなげることができる。

　二つめは、事業利用グループ毎の収益額が判明するので、どのようなJAの利用者のタイプが収益面での貢献度が高いかが判明する。また、

グループの人数もわかるので、とくに収益貢献度の高い利用者像が明確になる。JAの利用者のうち収益貢献度の高い組合員が増えれば、事業の拡大、収益の拡大が期待できる。

三つめは、利用者グループがわかれば、たとえば低利用の組合員のグループを抽出してJA離れが生じている支店はどこかを明確に認識し、対処することができる。また、収益貢献度の高いグループの組合員がどこの支店に属しているかもわかる。こうした組合員の利用状況に関する情報が得られれば、どこの支店でどのようなサービスを強化するか、また、組合員がJA離れを起こしている支店では組織強化策を展開するなどの、組織対策とエリア戦略に応用することができる。

## 2．JA事業利用者類型の結果

実際のJAにおいて、組合員の名寄せの総合取引データを基に組合員のJAの事業利用パターン化を行った結果を示すと以下のようになった。なお、正組合員と准組合員別にクラスター分析を行っている。さらに、個別、グループ毎の収益率の算出も行っており、個別、類型別の収益率についても算出を行っている。

### (1)　A農協における正組合員の事業利用構造
### ①　正組合員の事業利用パターン

A農協は、都市と山間部を抱えるJAで、貯金は7千億円を超える大型JAである。正組合員は約1.4万人、准組合員は約5万人のJAである。

当JAにおける総合名寄せデータを基にクラスター分析を行った。その分類の結果を示したものが表20（166～168頁）である。

全体を事業の利用パターンに応じて25グループに分けた。この25のグループをみると、正組合員のJAの利用パターンの特徴が読み取れる。25のグループのうち特徴的な利用グループについて解説することにする。

正組合員1.4万人のうち第1グループに属する組合員は6,104人いるが、この正組合員は他の利用パターンの組合員に比べて貯金残高も低く、総じてJAの事業利用が他の利用グループに比べて低いグループといえる。

また、年間１人当たりの収益も低く、農協の組合員であるものの、いわゆるJA離れを生じている組合員ではないかと推測される。

第18グループの組合員は16人と少ないが、借入が平均37,145百万円あり、貯金も4,984万円、建更が他の利用グループより飛び抜けて多い。このグループは賃貸事業を積極的に行っている組合員であり、JAへの収益貢献度も１人当たり約644万円ともっとも大きく、資産も多く持った富裕層であると推測される。

第11グループの組合員も、建更の保障が１億円で融資額７千万円台、貯金が２千万円前後と同様に賃貸経営の組合員と推測される。

第14グループの組合員も建更の保障が１億円前後で賃貸経営の組合員といえるが、11や16グループの組合員に比べると融資額が２千万円で融資額が少なく、貯金が１億円と貯金の金額が多い特徴を持った賃貸経営の組合員であるといえる。

第17グループの組合員は園芸販売が際立っており、購買品の利用も多く、園芸の専業農家であると推測することができる。

第24グループの組合員は産直の販売額が大きく、産直品が中心の農家であるが購買が少ないことから、産直は農協に出荷するものの農薬や肥料は他から買っている農家とみられる。

第22、23のグループは、米の販売が大きく大規模に農業を展開している米生産の集団とみられる。

このようにクラスター分析によって分類を行うとおよそのJAの利用者像が推測することができる。

## ②　正組合員の利用パターンからみた特徴

よく見ると、第１グループの貯金残高が２百万円程度なのに対して、その他の利用グループでは約５百万円以上になっている。第１グループの利用者以外ではそれぞれのニーズに応じて事業利用が活発で、貯金残高の一定金額以上（A農協では５百万円以上）になると組合員のJAに対する意識も変わり、事業をより積極的に利用し始める傾向にある。

この傾向は、このクラスター分析に限らず、貯金キャンペーンなどに参加する組合員の貯金残高をみても、別の調査で貯金残高が５百万円か

ら5千万円までの貯金者が貯金キャンペーンに参加しており、クラスター分析による分類と照合できる。一定の貯金金額の水準を超えると他の事業も利用が活発になる傾向は、他のJAの利用者のクラスター分析の結果からも同様なことがいえる。

また、この分析からは、正組合員ではJA離れが起きていると考えられるグループ収益とその他のよくJAを利用する組合員のグループ収益を比較すると、あまり利用しない組合員の人数は多いが、グループ収益では他の利用する組合員のグループ収益の方が高い状況にある。

正組合員の場合には、事業収益の大半はJA離れしている組合員ではなく、事業利用のコアになる正組合員がいて、その組合員が全体の収益の大半を担っている構造になっている。このため、コアとなる組合員にいかに事業を利用してもらうか、次世代まで含んだ次世代対策を通じて組織基盤を固めていくことが事業基盤の維持につながってくる。

### ③ 正組合員の事業利用パターンによる収益貢献度

組合員の事業利用によるグループ毎の収益貢献度をみていくと、1人当たりの収益貢献度の高いグループは農業生産法人を除くと賃貸経営を営んでいる組合員といえる。融資残高も多く、貯金も多い賃貸事業の組合員は1人当たり収益は644万円と極めて高い収益貢献度を示している。

また、果樹・園芸を中心とした農業的な事業利用を行っている第17グループの組合員からは、賃貸経営の組合員ほどではないが1人当たり385万円と結構高い収益貢献度を示している。また、農業生産法人も収益の貢献度も高く、より専業的な農業生産形態になっている組合員ほど収益への貢献度も高い傾向がみられる。

事業利用グループ毎にみると一番人数が多い第1グループの組合員のグループによる収益への貢献度合いは、人数が多い分、収益金額は大きいがグループ収益では貯金額の多い組合員や賃貸経営の組合員などのグループ収益が大きく、特定の組合員による収益への貢献度が高い。

正組合員では、元々、大口利用者による利用の集中度が高く、収益の貢献でみても同様な傾向がうかがえる。正組合員では、少数の大口利用者にいかに利用を続けていってもらえるかが、将来の事業分量や収益に

第4章　地域・利用者のＪＡの支持向上

影響を与えると推測される。

## ⑵　A農協における准組合員の事業利用構造
### ①　准組合員の事業利用パターン

　表21（169〜171頁）をみると、准組合員48,133人のうち第１グループに33,178人が含まれる。このため、准組合員の平均的な利用像はこのグループが代表している。准組合員の平均的な利用形態は、JAの事業を少しだけ使うというのが平均的な利用像といえる。

　准組合員利用の大半を占める第１グループは、正組合員の類型化と同様に組合員であるものの、事業利用という点ではあまりJAを利用しないグループである。特徴的なのは、貯金残高など信用事業の取引は正組合員に比べて少ないものの、購買事業はAコープ、産直、SS、JAグリーンなどを主に利用しており、貯金共済よりも産直や生活事業の利用を主にしている姿がうかがえる。

　第２グループの利用者6,159人も、あまりJAを利用しないグループであるが、貯金を平均で14,189千円の残高を持っており、第１グループの貯金残高1,745千円に比べて圧倒的に貯金残高が大きい利用者で、貯金の利用を主体とした利用者といえる。貯金以外は購買事業を中心にAコープ、産直、SS、JAグリーンを利用している組合員といえる。

　また、准組合員において特徴的な利用者パターンは第７グループ2,776人で、借入が２千万円前後であまり貯金がなく、その他は目立った取引がなく、住宅ローンを中心に利用している利用者と推測される。

　第４グループ809人は、借入が８百万円前後で第７グループと同じ住宅ローンの借入者と想定できるが、貯金も多く、とくに第７グループとの違いは子供共済に入っており、子供のいる核家族世帯と想定される。

　第13グループ131名は、借入が１億円、貯金1.3千万円、建更９千万円の保障というように賃貸経営の組合員であることが特徴で、平均年齢も68歳と正組合員に比べて年齢が若い。相続で事業が継続されている組合員も含まれていると想定される。

　第18グループは、貯金が６億円程度あり、融資はなく、建更の保障も

163

２億円前後であり、大きな貯金残高を持ち、賃貸経営は行っているが借入は他行を利用している組合員で、年齢も48歳と若い経営者といえる。

第21グループは、貯金が５千万円、建更も1.5億円の保障なので同じ賃貸経営と考えられるが年齢が、85歳と高齢で正組合員の賃貸経営と同じような特徴をもっている。

第17グループは、とくに園芸果樹の販売額が大きく、年齢も41歳と若いことから園芸専業の若手農業者と考えられる。

## ② 准組合員のグループの特徴と収益貢献度

准組合員の事業利用は、貯金の残高が２百万円を超えると正組合員と同じように他の事業の利用が活発化する傾向がみられる。また、購買事業をはじめとする生活事業については、小額ながらどの階層でも利用を行っている傾向がみれる。

准組合員は、共済事業における建更、子供、医療、生命保険など保険のニーズも多いことがわかる。正組合員が特定の保険を利用するのに対して、子供保険、医療など生活や保障に必要な商品を選択して利用している姿がうかがえる。

准組合員のもっとも大きな特徴は、年齢層が比較的若いことである。正組合員が70代から80代なのに対して40代から60代が多い。比較的若い人が自らの生活のニーズにあわせてＪＡの商品を選択している傾向がみられる。生活のライフスタイルにあわせた提案型の営業展開が重要と考えられる。

准組合員の中には、産直や果樹や野菜の販売などでかなりの金額をあげているケースもみられる。また、平均年齢も若く、農業の後継者のため、准組合員とされているが、本来は正組合員でもおかしくない准組合員もいる。これらの組合員は資格区分の見直しも必要と思われる。

収益の貢献度をみると、１人当たりの収益貢献度では農業専業農家の若手や賃貸不動産を経営している組合員、貯金残高の大きい組合員の収益貢献度が高い。一方、グループによる収益貢献度をみると、住宅ローンを借りている組合員グループの収益貢献度が高く、次いでＪＡは小額利用、あまり利用しないが数が多い組合員グループである。３番目は、

164

貯金の残高が1千万円を超えているがあとは小額の利用の組合員が貢献度が高く、正組合員ではもっとも収益貢献度の高い賃貸不動産経営の組合員の貢献度が高くなっている。正組合員と異なるのは、賃貸不動産経営の組合員グループではなく、小額の事業利用を行っている准組合員の集合体が准組合員の事業利用による収益を支えている構造になっている。

## (3) 事業利用からみたマーケティング

　正組合員と准組合員との事業利用パターンを中心に、事業利用や収益構造の違いをみてきた。すべてのJAに共通とは思えないが、このJAの場合、正組合員では大口利用者の収益貢献度やグループ収益への寄与が高く、正組合員ではいかに優良な利用者をJA離れを起こさせず確保していくか、正組合員では個別の利用者のニーズを把握し、個別の組合員に応じた利用者満足度を高めていく方策が重要だと考えられる。

　一方、准組合員をみると、大口利用者は1人当たりの収益貢献度は高いが、収益の貢献は少しずつ利用している組合員が集まって事業や農協経営に寄与している姿が中心であり、准組合員はまさにマスマーケット、大多数を中心とした利用状況が浮かび上がる。

　こうしたことを考えると、正組合員はJAの事業利用貢献度も少数の組合員の事業利用が大きなウエートを占めていることから、個別の重要な利用者を特定化して個々の組合員のニーズにきめ細かに対応し、事業利用を一層促進し、1戸複数組合員制度などによって次世代にもJAの活動や関心を持ってもらう取組みが肝心だといえる。

　准組合員に関しては、少額の利用が積み上がって事業利用がなされており、その少額の積み上げが事業分量や収益に貢献している。また、准組合員の事業利用は、共済や購買事業、店舗利用など生活に密着した利用が多いのが特徴といえる。このため、生活のニーズにあった商品提供やサービスの提供、大多数の組合員に向けたマーケティング展開が、事業を伸ばしていくうえで重要といえる。

165

表20-1　正組合員クラスター分析結果（信用、共済）

| CLUSTER | 平均年齢 | _FREQ_ | 貯金平残計 | 融資平残計 | 信用収益 | 生命系金額 | 医療保険 | 子供金額 | 年金金額 | 建更金額 | 共済収益 | 金融収益 |
|---|---|---|---|---|---|---|---|---|---|---|---|---|
| 1 | 72 | 6104 | 2,019 | 293 | 16 | 585,548 | 3,981 | 293 | 0 | 13,986,945 | 24,256 | 40,383 |
| 2 | 72 | 3558 | 14,237 | 530 | 90 | 3,527,803 | 228,640 | 8,785 | 0 | 30,049,028 | 56,267 | 146,721 |
| 3 | 74 | 1194 | 11,962 | 1,771 | 96 | 3,144,391 | 9,213 | 0 | 0 | 32,307,625 | 59,007 | 155,080 |
| 4 | 70 | 633 | 11,045 | 547 | 72 | 22,902,389 | 34,913 | 12,283 | 0 | 30,444,923 | 88,828 | 161,060 |
| 5 | 59 | 368 | 9,239 | 1,653 | 79 | 35,889,082 | 91,304 | 0 | 0 | 36,188,842 | 120,110 | 198,640 |
| 6 | 72 | 962 | 8,762 | 209 | 54 | 3,414,446 | 12,214 | 0 | 0 | 23,949,050 | 45,553 | 99,449 |
| 7 | 67 | 460 | 8,312 | 1,377 | 69 | 8,756,085 | 692,065 | 0 | 0 | 34,957,413 | 73,891 | 142,867 |
| 8 | 60 | 53 | 8,410 | 2,398 | 85 | 12,388,297 | 9,000,000 | 273,585 | 0 | 40,518,152 | 103,468 | 188,472 |
| 9 | 75 | 304 | 11,012 | 932 | 78 | 3,218,068 | 51,316 | 1,974 | 0 | 24,149,618 | 45,629 | 123,496 |
| 10 | 50 | 159 | 7,099 | 5,097 | 118 | 13,259,055 | 634,591 | 3,691,130 | 0 | 33,769,758 | 85,454 | 203,726 |
| 11 | 73 | 371 | 18,400 | 79,759 | 1,314 | 4,942,845 | 104,582 | 11,141 | 0 | 107,254,476 | 186,889 | 1,500,970 |
| 12 | 74 | 338 | 64,128 | 4,660 | 442 | 9,843,622 | 105,325 | 20,710 | 0 | 54,597,566 | 107,440 | 549,294 |
| 13 | 70 | 50 | 12,499 | 741 | 84 | 7,779,001 | 130,000 | 128,000 | 0 | 30,555,715 | 64,218 | 147,798 |
| 14 | 71 | 32 | 114,340 | 20,161 | 967 | 8,947,877 | 46,875 | 0 | 0 | 60,262,580 | 181,804 | 1,149,063 |
| 15 | 59 | 39 | 14,068 | 5,135 | 159 | 16,517,213 | 22,725,641 | 282,051 | 0 | 64,709,128 | 173,445 | 332,648 |
| 16 | 52 | 7 | 8,493 | 0 | 49 | 14,571,429 | 142,857 | 742,857 | 12,857,143 | 31,500,000 | 99,531 | 148,708 |
| 17 | 57 | 12 | 14,939 | 5,064 | 163 | 7,841,667 | 83,333 | 0 | 0 | 35,432,054 | 72,146 | 235,310 |
| 18 | 75 | 16 | 49,841 | 371,453 | 5,912 | 9,454,444 | 31,250 | 750,000 | 312,500 | 263,912,683 | 456,703 | 6,369,076 |
| 19 | 77 | 3 | 503,274 | 0 | 2,914 | 8,043,863 | 0 | 0 | 0 | 34,333,333 | 70,516 | 2,984,474 |
| 20 | 63 | 2 | 3,224 | 169,731 | 2,588 | 5,000,000 | 0 | 0 | 0 | 35,000,000 | 66,560 | 2,654,947 |
| 21 | 76 | 2 | 93,271 | 0 | 540 | 15,198,448 | 250,000 | 0 | 0 | 40,000,000 | 92,266 | 632,305 |
| 22 | 13 | 2 | 61,698 | 11,341 | 529 | 0 | 0 | 0 | 0 | 0 | 0 | 528,927 |
| 23 | 40 | 2 | 194,184 | 3,748 | 1,181 | 0 | 0 | 0 | 0 | 0 | 0 | 1,181,070 |
| 24 | 62 | 1 | 21,751 | 2,739 | 167 | 0 | 0 | 0 | 0 | 0 | 0 | 167,407 |
| 25 | 54 | 1 | 14,480 | 0 | 84 | 52,997,420 | 2,000,000 | 2,000,000 | 0 | 30,000,000 | 141,436 | 225,275 |
| 平均 | | | | | 714 | | | | | | 96,617 | 810,687 |
| 標準偏差 | | | | | 1,302.1 | | | | | | 89,252.0 | 1,364,757.3 |
| "+1σ" | | | | | 2,016 | | | | | | 185,869 | 2,175,444 |
| "+2σ" | | | | | 3,318 | | | | | | 275,121 | 3,540,201 |
| "+3σ" | | | | | 5,334 | | | | | | 364,373 | 4,904,959 |

166

表20-2　正組合員クラスター分析結果（販売、利用）

| CLUSTER | 販売・園芸金額 | 販売・米金額 | 販売・麦金額 | 産直金額 | 販売収益 | 利用・青苗金利用 | 農作業金利用 | ライス金利用 | カントリー利用 | 麦金額 |
|---|---|---|---|---|---|---|---|---|---|---|
| 1 | 13,614 | 13,151 | 321 | 12,332 | 4,561 | 5,195 | 311 | 14 | 2,432 | 292 |
| 2 | 117,750 | 70,856 | 4,733 | 44,273 | 27,492 | 6,529 | 720 | 136 | 11,431 | 4,511 |
| 3 | 72,430 | 72,022 | 1,568 | 17,144 | 18,878 | 11,140 | 1,310 | 45 | 14,684 | 1,514 |
| 4 | 50,393 | 50,190 | 1,291 | 8,353 | 12,753 | 9,675 | 1,262 | 318 | 7,276 | 1,207 |
| 5 | 14,539 | 37,394 | 797 | 7,756 | 6,998 | 10,051 | 3,554 | 145 | 7,983 | 738 |
| 6 | 22,172 | 75,296 | 254 | 8,310 | 12,268 | 26,005 | 41,273 | 34,585 | 7,847 | 234 |
| 7 | 38,435 | 38,971 | 715 | 11,694 | 10,392 | 8,653 | 5,913 | 2,888 | 6,631 | 707 |
| 8 | 0 | 27,188 | 0 | 0 | 3,146 | 8,399 | 9,627 | 2,900 | 5,380 | 0 |
| 9 | 16,092 | 27,517 | 219 | 12,571 | 6,525 | 7,376 | 487 | 131 | 1,722 | 200 |
| 10 | 139,840 | 17,231 | 1,623 | 6,998 | 19,171 | 7,717 | 3,878 | 1,320 | 3,109 | 1,489 |
| 11 | 19,928 | 58,017 | 1,202 | 24,228 | 11,960 | 9,012 | 5,464 | 508 | 11,997 | 1,166 |
| 12 | 13,880 | 47,519 | 753 | 22,915 | 9,842 | 6,812 | 1,442 | 656 | 8,817 | 845 |
| 13 | 418,910 | 457,405 | 16,292 | 16,233 | 105,153 | 33,769 | 293,333 | 0 | 86,200 | 14,721 |
| 14 | 0 | 37,796 | 0 | 29,887 | 7,831 | 8,277 | 11,440 | 3,197 | 9,833 | 0 |
| 15 | 178,321 | 94,630 | 7,233 | 685 | 32,497 | 8,590 | 499 | 3,870 | 7,528 | 7,305 |
| 16 | 0 | 80,329 | 0 | 0 | 9,294 | 16,320 | 32,363 | 0 | 9,772 | 0 |
| 17 | 23,641,003 | 69,851 | 0 | 30,724 | 2,746,901 | 22,105 | 0 | 0 | 12,745 | 0 |
| 18 | 360,118 | 44,100 | 0 | 0 | 46,768 | 11,098 | 563 | 0 | 11,662 | 0 |
| 19 | 0 | 0 | 0 | 0 | 0 | 6,615 | 0 | 0 | 0 | 0 |
| 20 | 0 | 0 | 0 | 0 | 0 | 0 | 0 | 0 | 0 | 0 |
| 21 | 0 | 0 | 0 | 0 | 0 | 11,025 | 0 | 0 | 0 | 0 |
| 22 | 18,124,946 | 59,962,260 | 3,123,702 | 0 | 9,396,102 | 8,048,969 | 0 | 0 | 11,809,748 | 3,361,444 |
| 23 | 6,289,438 | 138,130,605 | 13,124,487 | 0 | 18,227,902 | 4,328 | 0 | 0 | 24,404,302 | 12,980,846 |
| 24 | 0 | 0 | 0 | 43,307,531 | 5,010,681 | 0 | 0 | 0 | 0 | 0 |
| 25 | 0 | 0 | 0 | 0 | 0 | 0 | 0 | 0 | 0 | 0 |

| | 販売収益 | カントリー利用 | 麦金額 |
|---|---|---|---|
| 平均 | 1,429,085 | 11,809,748 | 3,361,444 |
| 標準偏差 | 4,010,761.4 | 24,404,302 | 12,980,846 |
| "+1σ" | 5,439,846 | 0 | 0 |
| "+2σ" | 9,450,607 | 0 | 0 |
| "+3σ" | 13,461,369 | 0 | 0 |

表20-3　正組合員クラスター分析結果（購買）

| CLUSTER | 利用利益 | 購買金額 | ＳＳ金額 | Aコープ金額 | 購買収益 | 経済収益 | 1人当たり収益 | グループ収益 |
|---|---|---|---|---|---|---|---|---|
| 1 | 954 | 71,983 | 20,769 | 740 | 18,624 | 24,138 | 64,521 | 393,838,055 |
| 2 | 2,699 | 151,239 | 16,555 | 1,050 | 33,634 | 63,824 | 210,545 | 749,119,091 |
| 3 | 3,320 | 169,844 | 27,206 | 2,688 | 39,788 | 61,986 | 217,066 | 259,176,394 |
| 4 | 2,284 | 138,207 | 30,822 | 4,101 | 34,487 | 49,524 | 210,584 | 133,299,691 |
| 5 | 2,600 | 160,168 | 25,425 | 461 | 37,062 | 46,660 | 245,300 | 90,270,353 |
| 6 | 12,720 | 187,586 | 32,230 | 297 | 43,847 | 68,835 | 168,285 | 161,889,729 |
| 7 | 2,868 | 146,399 | 32,041 | 3,301 | 36,203 | 49,463 | 192,330 | 88,471,785 |
| 8 | 3,043 | 252,280 | 26,007 | 391 | 55,513 | 61,702 | 250,173 | 13,259,189 |
| 9 | 1,147 | 89,082 | 43,941 | 176,036 | 61,565 | 69,237 | 192,733 | 58,590,921 |
| 10 | 2,026 | 135,190 | 22,800 | 760 | 31,623 | 52,820 | 256,546 | 40,790,841 |
| 11 | 3,256 | 146,232 | 20,121 | 1,284 | 33,393 | 48,610 | 1,549,580 | 574,894,175 |
| 12 | 2,149 | 132,546 | 28,571 | 3,367 | 32,765 | 44,756 | 594,050 | 200,788,955 |
| 13 | 49,522 | 306,510 | 38,713 | 7,985 | 70,359 | 225,034 | 372,832 | 18,641,612 |
| 14 | 3,789 | 243,177 | 21,495 | 1,983 | 53,118 | 64,737 | 1,213,800 | 38,841,599 |
| 15 | 3,216 | 169,227 | 78,442 | 3,848 | 50,102 | 85,814 | 418,463 | 16,320,052 |
| 16 | 6,763 | 58,256 | 96,579 | 0 | 30,843 | 46,900 | 195,608 | 1,369,256 |
| 17 | 4,032 | 4,216,637 | 98,990 | 4,070 | 860,483 | 3,611,416 | 3,846,726 | 46,160,710 |
| 18 | 2,698 | 102,981 | 14,501 | 0 | 23,403 | 72,869 | 6,441,945 | 103,071,125 |
| 19 | 765 | 77,789 | 59,303 | 0 | 27,309 | 28,074 | 3,012,548 | 9,037,644 |
| 20 | 0 | 0 | 0 | 0 | 0 | 0 | 2,654,947 | 5,309,893 |
| 21 | 1,276 | 699,610 | 0 | 0 | 139,362 | 140,638 | 772,943 | 1,545,886 |
| 22 | 2,686,573 | 65,835,501 | 0 | 0 | 13,114,432 | 25,197,106 | 25,726,033 | 51,452,066 |
| 23 | 4,325,962 | 117,922,284 | 9,265,168 | 0 | 25,335,740 | 47,889,605 | 49,070,675 | 98,141,350 |
| 24 | 0 | 73,570 | 0 | 172,065 | 48,930 | 5,059,612 | 5,227,019 | 5,227,019 |
| 25 | 0 | 119,250 | 2,100 | 0 | 24,173 | 24,173 | 249,448 | 249,448 |

| | 利用利益 | 購買収益 | 経済収益 | 1人当たり収益 | グループ収益 |
|---|---|---|---|---|---|
| 平均 | 284,947 | 1,609,470 | 3,323,501 | 1,241,652 | 126,390,274 |
| 標準偏差 | 977,845.3 | 5,476,942.5 | 10,374,846.1 | 1,743,973.7 | 184,113,057.5 |
| "+1σ" | 1,262,792 | 7,086,413 | 13,698,348 | 2,985,626 | 310,503,331 |
| "+2σ" | 2,240,637 | 12,563,355 | 24,073,194 | 4,729,599 | 494,616,389 |
| "+3σ" | 3,218,483 | 18,040,298 | 34,448,040 | 6,473,573 | 678,729,446 |

表21-1 准組合員クラスター分析結果（信用、共済）

| CLUSTER | _FREQ_ | 貯金平残計 | 融資平残計 | 信用収益 | 生命系金額 | 医療保険 | 子供金額 | 年金金額 | 建更金額 | 共済収益 | 金融収益 |
|---|---|---|---|---|---|---|---|---|---|---|---|
| 1 | 33,178 | 1,745 | 92 | 11 | 278,330 | 3,106 | 2,787 | 0 | 3,205,596 | 5,807 | 17,304 |
| 2 | 6,159 | 14,189 | 81 | 83 | 814,704 | 3,669 | 2,538 | 162 | 6,240,893 | 11,751 | 95,137 |
| 3 | 1,231 | 3,745 | 1,241 | 40 | 19,479,661 | 83,753 | 12,440 | 0 | 10,284,842 | 49,688 | 90,167 |
| 4 | 809 | 2,462 | 7,849 | 133 | 7,406,875 | 188,752 | 3,327,993 | 0 | 10,752,094 | 36,068 | 169,155 |
| 5 | 435 | 8,837 | 700 | 62 | 22,310,073 | 114,023 | 14,881 | 0 | 14,957,184 | 62,227 | 123,996 |
| 6 | 453 | 3,216 | 4,335 | 84 | 2,569,688 | 10,137,417 | 397,087 | 0 | 9,643,986 | 37,853 | 122,104 |
| 7 | 2,776 | 1,414 | 20,802 | 323 | 883,242 | 7,853 | 16,138 | 0 | 6,643,839 | 12,565 | 335,700 |
| 8 | 610 | 4,551 | 3,153 | 74 | 6,695,226 | 755,246 | 119,418 | 0 | 11,706,025 | 32,075 | 106,170 |
| 9 | 842 | 8,980 | 3,462 | 104 | 3,306,596 | 78,029 | 82,754 | 0 | 19,247,418 | 37,797 | 142,204 |
| 10 | 1,035 | 2,819 | 93 | 18 | 451,857 | 1,449 | 2,169 | 0 | 3,173,581 | 6,039 | 23,773 |
| 11 | 100 | 4,171 | 3,898 | 83 | 6,874,095 | 9,411,000 | 675,654 | 0 | 15,592,000 | 54,168 | 137,337 |
| 12 | 217 | 4,431 | 3,719 | 82 | 7,123,084 | 233,180 | 221,189 | 0 | 16,493,948 | 40,055 | 122,011 |
| 13 | 131 | 13,654 | 101,137 | 1,610 | 4,565,718 | 217,557 | 95,420 | 0 | 90,753,608 | 159,132 | 1,769,402 |
| 14 | 94 | 2,182 | 5,330 | 93 | 7,591,334 | 1,125,532 | 194,347 | 0 | 18,970,083 | 46,394 | 139,725 |
| 15 | 12 | 3,514 | 1,514 | 43 | 2,500,000 | 1,091,667 | 416,667 | 13,833,333 | 14,083,333 | 53,123 | 96,388 |
| 16 | 36 | 7,783 | 6,798 | 148 | 1,794,604 | 152,778 | 138,889 | 0 | 27,944,444 | 49,971 | 197,961 |
| 17 | 2 | 8,974 | 1,934 | 81 | 15,250,000 | 5,000,000 | 3,000,000 | 0 | 10,000,000 | 55,328 | 136,561 |
| 18 | 4 | 622,353 | 0 | 3,603 | 0 | 0 | 0 | 0 | 197,000,000 | 327,808 | 3,931,233 |
| 19 | 3 | 116,488 | 0 | 674 | 4,666,667 | 0 | 0 | 0 | 42,337,217 | 78,214 | 752,678 |
| 20 | 1 | 54,860 | 0 | 318 | 0 | 0 | 0 | 0 | 150,000,000 | 249,600 | 567,239 |
| 21 | 1 | 7,455 | 0 | 43 | 39,902,293 | 500,000 | 0 | 0 | 25,000,000 | 108,829 | 151,994 |
| 22 | 1 | 6,511 | 0 | 38 | 0 | 0 | 0 | 0 | 0 | 0 | 37,699 |
| 23 | 1 | 475 | 460 | 10 | 0 | 0 | 0 | 0 | 0 | 0 | 9,715 |
| 24 | 1 | 1,609,161 | 0 | 9,317 | 0 | 0 | 0 | 0 | 0 | 0 | 9,317,042 |
| 25 | 1 | 87,960 | 868 | 522 | 0 | 0 | 0 | 0 | 0 | 0 | 522,430 |
| | 48,133 | | | | | | | | | | |

| | 信用収益 | | 共済収益 | 金融収益 |
|---|---|---|---|---|
| 平均 | 704 | | 60,580 | 764,605 |
| 標準偏差 | 1,908.3 | | 77,010.3 | 1,921,504.6 |
| "+1σ" | 2,612 | | 137,590 | 2,686,110 |
| "+2σ" | 4,521 | | 214,600 | 4,607,614 |
| "+3σ" | 7,133 | | 291,611 | 6,529,119 |

表21-2　准組合員クラスター分析結果（販売、利用）

| CLUSTER | 販売・園芸金額 | 販売・米金額 | 販売_ｂ産直金額 | 支金額_ｂ産直金額 | 販売収益 | 利用・育苗金額 | 利用・農作利用 | ライス利用 | カット利用 | 利用・支金額 | 利用利益 |
|---|---|---|---|---|---|---|---|---|---|---|---|
| 1 | 2,290 | 172 | 1 | 4,969 | 860 | 150 | 5 | 20 | 51 | 1 | 26 |
| 2 | 87 | 2 | 0 | 783 | 101 | 15 | 0 | 2 | 1 | 0 | 2 |
| 3 | 0 | 0 | 0 | 1,699 | 197 | 13 | 0 | 0 | 0 | 0 | 1 |
| 4 | 0 | 0 | 0 | 0 | 0 | 14 | 0 | 22 | 13 | 0 | 6 |
| 5 | 0 | 1,870 | 0 | 950 | 326 | 374 | 104 | 105 | 391 | 0 | 113 |
| 6 | 7,589 | 671 | 0 | 305 | 991 | 0 | 0 | 0 | 230 | 0 | 27 |
| 7 | 0 | 7 | 0 | 15 | 3 | 11 | 0 | 0 | 15 | 0 | 3 |
| 8 | 0 | 0 | 0 | 86 | 10 | 24 | 6 | 0 | 0 | 0 | 4 |
| 9 | 2,580 | 588 | 0 | 8,891 | 1,395 | 336 | 23 | 75 | 195 | 0 | 73 |
| 10 | 56 | 0 | 10 | 844 | 104 | 0 | 0 | 0 | 0 | 0 | 0 |
| 11 | 0 | 0 | 0 | 0 | 1 | 0 | 0 | 0 | 0 | 12 | 1 |
| 12 | 3,943 | 0 | 0 | 656 | 532 | 1,488 | 0 | 62 | 0 | 0 | 179 |
| 13 | 11,459 | 1,267 | 0 | 3,911 | 1,925 | 512 | 0 | 0 | 393 | 0 | 105 |
| 14 | 0 | 3,107 | 0 | 25,668 | 3,329 | 756 | 0 | 181 | 152 | 0 | 126 |
| 15 | 0 | 0 | 0 | 0 | 0 | 0 | 0 | 0 | 0 | 0 | 0 |
| 16 | 0 | 31,611 | 167 | 21,957 | 6,217 | 19,363 | 71,617 | 8,110 | 14,382 | 149 | 13,146 |
| 17 | 18,054,454 | 0 | 0 | 0 | 2,088,900 | 0 | 0 | 0 | 0 | 0 | 0 |
| 18 | 0 | 0 | 0 | 0 | 0 | 0 | 0 | 0 | 0 | 0 | 0 |
| 19 | 0 | 0 | 0 | 0 | 0 | 0 | 0 | 0 | 0 | 0 | 0 |
| 20 | 0 | 0 | 0 | 0 | 0 | 0 | 0 | 0 | 0 | 0 | 0 |
| 21 | 0 | 0 | 0 | 68,741,872 | 7,953,435 | 0 | 0 | 0 | 0 | 0 | 0 |
| 22 | 0 | 0 | 0 | 0 | 0 | 0 | 0 | 0 | 0 | 0 | 0 |
| 23 | 0 | 1,397,500 | 0 | 0 | 161,691 | 1,021,248 | 0 | 1,001,318 | 0 | 0 | 234,011 |
| 24 | 0 | 0 | 0 | 0 | 0 | 0 | 0 | 0 | 0 | 0 | 0 |
| 25 | 0 | 17,891,200 | 2,934,000 | 0 | 2,409,476 | 0 | 0 | 0 | 4,842,921 | 2,442,761 | 842,953 |

販売収益（左側統計）
| | |
|---|---|
| 平均 | 505,180 |
| 標準偏差 | 1,637,952.8 |
| "+1σ" | 2,143,133 |
| "+2σ" | 3,781,085 |
| "+3σ" | 5,419,038 |

利用利益（右側統計）
| | |
|---|---|
| 平均 | 43,631 |
| 標準偏差 | 169,459.5 |
| "+1σ" | 213,091 |
| "+2σ" | 382,550 |
| "+3σ" | 552,009 |

第4章　地域・利用者のＪＡの支持向上

表21-3　准組合員クラスター分析結果（購買）

| CLUSTER | 購買金額 | ＳＳ金額 | Aコープ金額 | 産直・Gセンタ | 購買収益 | 経済収益 | 総合収益 | グループ収益 |
|---|---|---|---|---|---|---|---|---|
| 1 | 12,149 | 915 | 7,921 | 29,148 | 9,986 | 10,873 | 28,177 | 934,849,377 |
| 2 | 8,917 | 516 | 5,658 | 19,226 | 6,836 | 6,939 | 102,075 | 628,682,526 |
| 3 | 10,596 | 400 | 11,615 | 12,978 | 7,089 | 7,287 | 97,454 | 119,966,210 |
| 4 | 8,068 | 716 | 9,605 | 8,029 | 5,262 | 5,268 | 174,423 | 141,107,843 |
| 5 | 19,627 | 5,288 | 16,673 | 21,179 | 12,503 | 12,942 | 136,938 | 59,567,934 |
| 6 | 10,815 | 3,471 | 13,876 | 10,881 | 7,777 | 8,795 | 130,899 | 59,297,332 |
| 7 | 2,568 | 66 | 5,120 | 5,022 | 2,545 | 2,550 | 338,251 | 938,984,064 |
| 8 | 16,814 | 944 | 21,853 | 19,353 | 11,746 | 11,759 | 117,929 | 71,936,748 |
| 9 | 24,208 | 4,620 | 21,270 | 25,749 | 15,109 | 16,577 | 158,781 | 133,693,709 |
| 10 | 8,326 | 1,660 | 322,340 | 50,767 | 76,312 | 76,416 | 100,189 | 103,695,938 |
| 11 | 19,910 | 2,737 | 20,550 | 14,893 | 11,572 | 11,574 | 148,911 | 14,891,086 |
| 12 | 58,820 | 204,821 | 37,215 | 15,393 | 62,997 | 63,709 | 185,719 | 40,301,070 |
| 13 | 20,374 | 1,979 | 7,765 | 20,873 | 10,157 | 12,187 | 1,781,589 | 233,388,165 |
| 14 | 54,500 | 9,553 | 6,717 | 13,233 | 16,733 | 20,189 | 159,914 | 15,031,919 |
| 15 | 3,517 | 0 | 788 | 9,418 | 2,734 | 2,734 | 99,122 | 1,189,464 |
| 16 | 98,288 | 8,543 | 15,172 | 28,476 | 29,975 | 49,338 | 247,300 | 8,902,789 |
| 17 | 416,914 | 0 | 0 | 16,591 | 86,354 | 2,175,254 | 2,311,815 | 4,623,630 |
| 18 | 1,285,098 | 146,956 | 0 | 0 | 285,265 | 285,265 | 4,216,498 | 16,865,994 |
| 19 | 17,203 | 1,264,726 | 3,763 | 5,182 | 257,142 | 257,142 | 1,009,820 | 3,029,460 |
| 20 | 0 | 0 | 0 | 0 | 0 | 0 | 567,239 | 567,239 |
| 21 | 278 | 0 | 846 | 17,825 | 3,775 | 7,957,209 | 8,109,203 | 8,109,203 |
| 22 | 0 | 0 | 0 | 0 | 0 | 0 | 37,699 | 37,699 |
| 23 | 1,430,285 | 0 | 0 | 0 | 284,913 | 680,614 | 690,329 | 690,329 |
| 24 | 0 | 0 | 0 | 0 | 0 | 0 | 9,317,042 | 9,317,042 |
| 25 | 35,612,233 | 0 | 0 | 0 | 7,093,957 | 10,346,386 | 10,868,816 | 10,868,816 |
| 平均 | | | | | 332,030 | 880,840 | 1,756,874 | 142,383,823 |
| 標準偏差 | | | | | 1,382,986.7 | 2,500,594.3 | 3,146,760.7 | 266,565,264.2 |
| "+1σ" | | | | | 1,715,016 | 3,381,435 | 4,903,635 | 408,949,088 |
| "+2σ" | | | | | 3,098,003 | 5,882,029 | 8,050,396 | 675,514,352 |
| "+3σ" | | | | | 4,480,990 | 8,382,623 | 11,197,156 | 942,079,616 |

## 3．重要な利用者の認識と次世代対策

### (1) 重要な利用者の認識

　A農協におけるクラスター分析による事業利用類型とグループ毎の収益を算出し、正組合員全体収益と平均以上の収益の貢献度の高い利用者のグループの収益額を比較すると、平均以上の収益貢献を行っているのは1.4万人の正組合員の中で441名しかいない。

　この441名の正組合員全体に占める収益割合をみていくと、29.5％、約３割を占めていることがわかる。このJAは支店が40支店程度であるので、収益貢献度の高い重要と考えられる組合員は１支店当たり10人程度しかいないことがわかる（図27）。

　元々、JAの利用構造は、少数の組合員で事業分量の大半を占める構造を持っている。図28では、貯金の利用シェアが約10％の正組合員の貯金で50％の貯金残高を占めている。事業分量面でも少数の組合員の事業利用で大きな貯金残高のシェアを持っているので事業収益面でも少数の組合員が事業収益の大きな割合を占めることは推測される。

　組合員１人当たりの事業収益でみていくということは、信用、共済、

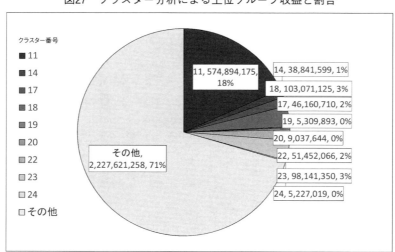

図27　クラスター分析による上位グループ収益と割合

経済、販売事業それぞれ取扱高の尺度、これまで貯金や貸出は残高、共済では保有高、経済では取扱高といった尺度の違う中で、それぞれの事業分量だけを追ってきたものに対して、どの事業でも共通な利益という尺度で収益貢献度の高い組合員を重要な利用者として認識することに転換することを意味している。

JAの利用者は信用、経済といった縦割りの利用だけをしている組合員だけではなく、総合事業としてSSも利用すれば貯金もする、融資も受けるといった自らのニーズにあわせて総合事業として利用しているのである。

総合事業としての名寄せを行い、総合事業としての総合収益を算出して収益貢献度の高い組合員を重要な組合員として認識するのは、総合事業としての形態を考えても理にかなった方法といえる。

## (2) 重要な利用者と次世代対策

これまで次世代対策の重要性が叫ばれているが、具体的に現場のJAでどのような対策を行っているのであろうか。世代交代によって大口先の残高が一気になくなったという話はよく聞く。

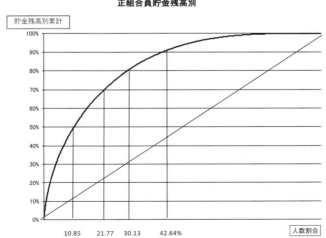

図28 正組合員貯金のローレンツ分析

JA の実態として、1.4万人の正組合員のうち平均以上の収益貢献度の高い組合員の収益割合が３割にも達していることを考えると、次世代対策といってもすべての正組合員の次世代対策を行うのではなく、収益貢献度の高い組合員を中心に家、世帯といった単位で対応することが肝要といえる。また、重要な利用者については、世帯単位での接触や利用者情報の蓄積を行っていくことが重要といえる。

　有効な次世代対策は、重要な利用者を中心に世帯対応を普段から行うことといえる。重要な組合員の特定と個人の囲い込みだけではなく、重要な利用者に関しては世帯としての囲い込みを行い、次の世代に JA の事業利用をつないでいくことが将来につながる。

　世帯としての接触を行うのは、訪問して行うのではなく、支店を中心とした普段の活動が要となる。支店においても、収益貢献度の高い組合員が来ても顔もわからず声も掛けられないでは、次世代に JA の取引を勧めるだろうか。「自分の時代は JA だけど後は自分で JA との付き合いを判断しなさい」ということになるのではないか。

　次世代対策の基本は、支店を中心とした普段からのつき合いが重要である。大口先や収益貢献度が高い先については支店長や支店職員が出向いて普段から付き合っていく、接していくことが次世代対策の要ではないだろうか。

　その意味では、重要な取引先については単に営業活動だけではなく、支店の取組みのなかで、世帯ぐるみの JA との付き合い、世帯に関する普段からの情報蓄積が重要といえる。そのためには支店活動をいかに強化していくかが大きな課題であり、次世代対策の重点対策にもなりえる。

　重要な利用者を認識し、世帯まるごと囲い込みをするのが次世代対策の要であり、次世代対策に重要な役割を果たすのが支店活動といえる。

## ４．個別利用者の取引深耕

### (1)　利用者類型を用いた潜在ニーズの掘り起こし

　クラスター分析による JA の事業の利用者類型を用いた個別取引深耕について考えてみたい。クラスター分析では、JA 事業の利用者を似通

第4章　地域・利用者のＪＡの支持向上

った事業利用者の塊り（クラスター）に分類することができる。

　クラスター分析によって分類されたグループは、表22のように個別の似通った利用者がまとめられている。似通った事業ニーズを持った個人の集まりであっても、この例でもわかるようにグループの平均的な取引と個人の実際の取引には差があるのが通例といえる。

　グループの平均値は、クラスター分析によってグループの平均的な利用者像を示しているのに他ならない。これはそのグループに属する利用者の事業ニーズを示しているものと考えられる。グループに属する個人は、そのグループに属する利用者の平均的な事業利用まで潜在的に事業を利用する可能性が存在する。グループの平均的な利用まで達していない事業に関しては、何らかのきっかけがあれば取引の成約につながる可能性が高い。

　図29の例示で、グループの平均的な事業利用と個別取引者の事業利用を比較した場合、この例では信用事業は平均的な利用に比べて個別取引者の取扱高が低く、共済事業では個別取引のほうが平均的なグループの取引に比べて高いことがわかる。この事例でいえば、信用事業ではこの個別取引者は平均的な事業ニーズまで達しておらず、まだ拡大する可能性があるといえる。これに対して共済事業では、すでにグループの平均より共済事業を利用しており、あまり共済事業に新たに加入する可能性は低いといえる。

表22　クラスター分析の分類による賃貸経営組合員の内訳

単位：円

| 個人番号 | 貯金残高 | 融資残高 | 終身金額 | 養老金額 | こども金額 | 年金金額 | がん金額 | 定期医療金額 | 医療金額 | 建更金額 |
|---|---|---|---|---|---|---|---|---|---|---|
| 1 | 12,454,000 | 305,135,000 | 0 | 0 | 0 | 0 | 0 | 0 | 0 | 0 |
| 2 | 48,111,000 | 289,237,000 | 0 | 0 | 0 | 0 | 0 | 0 | 0 | 45,000,000 |
| 3 | 65,399,000 | 353,842,000 | 0 | 20,191,400 | 0 | 0 | 0 | 0 | 0 | 51,000,000 |
| 4 | 104,071,000 | 284,307,000 | 0 | 30,000,000 | 0 | 0 | 0 | 0 | 0 | 217,000,000 |
| 5 | 71,047,000 | 262,014,000 | 0 | 0 | 0 | 5,000,000 | 0 | 0 | 0 | 427,060,000 |
| 6 | 34,376,000 | 272,399,000 | 2,000,000 | 9,000,000 | 0 | 0 | 0 | 0 | 0 | 632,068,240 |
| 7 | 8,385,000 | 316,000,000 | 0 | 0 | 0 | 0 | 0 | 0 | 0 | 0 |
| 8 | 60,231,000 | 351,829,000 | 5,200,407 | 22,007,240 | 0 | 0 | 0 | 0 | 0 | 582,000,000 |
| 9 | 103,595,000 | 310,458,000 | 30,000,000 | 0 | 6,000,000 | 0 | 0 | 0 | 0 | 85,000,000 |
| 10 | 61,506,000 | 525,336,000 | 0 | 0 | 0 | 0 | 0 | 0 | 0 | 0 |
| 11 | 17,038,000 | 828,025,000 | 0 | 0 | 0 | 0 | 0 | 0 | 0 | 919,811,365 |
| 12 | 43,886,000 | 440,133,000 | 0 | 21,372,060 | 0 | 0 | 0 | 0 | 0 | 485,000,000 |
| 13 | 13,055,000 | 253,713,000 | 0 | 0 | 0 | 0 | 500,000 | 0 | 0 | 90,163,315 |
| 14 | 1,502,000 | 362,365,000 | 0 | 0 | 0 | 0 | 0 | 0 | 0 | 30,000,000 |
| 15 | 115,854,000 | 438,900,000 | 0 | 1,500,000 | 6,000,000 | 0 | 0 | 0 | 0 | 84,500,000 |
| 16 | 34,203,000 | 327,232,000 | 10,000,000 | 0 | 0 | 0 | 0 | 0 | 0 | 574,000,000 |

注1：個人の数値を変更するため、若干、数値は修正を加えているが、傾向は同じ。

図29　取引類型と個別利用者の潜在ニーズ

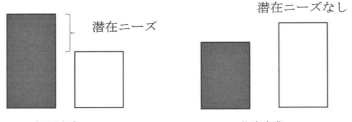

注：白抜きが個別利用者の取引。塗りつぶしがグループの平均的な取引。

　また、JAの現場に行ってみると、共済事業では台帳推進が主な手段であるので、共済契約を行っていない利用者は対象外になってくる。本来、共済事業と信用事業は似通った取引者になることが多いが、共済契約はなくて信用事業だけ利用している組合員がいた場合には、共済台帳推進では共済のニーズがあっても、共済契約のないこうした利用者にはLAは行かないということも起きる。

　総合名寄せのデータを利用した取引類型化などの分析では、総合事業の利用として利用者の分析を行うため、共済事業の契約が有無に関わらず、潜在的な事業ニーズを把握することが可能になってくる。

## (2)　利用者類型を応用した個別取引深耕

　実際のJAで分析した結果から個別取引深耕の可能性についてみていくことにする。（表23）この利用者の属するグループは借入が平均で3.7億円、貯金が約5千万円、建更の保障が2.6億円と、賃貸住宅経営を営んでいる組合員といえる。

　この利用者は借入が8.2億円あり、グループ平均に比べて借入残高は大きい。一方で貯金の残高はグループの平均が約5千万円なのに比べて1.7千万円と貯金の利用が少ない。共済では建更の保障がグループ平均より高く、建更ではグループ平均をはるかに大きな保障額になっている。

　一方、この賃貸グループの利用者の5割が生命保険に加盟しているが、この利用者は生命保険には入っていない。

表23　クラスター分析と潜在的な個別ニーズ

顧客分析カード

| 個人ID | 0000303810 | | 年齢 | 78 | | 総合収益 | 14,174,124 | 収益ランク 1 |
|---|---|---|---|---|---|---|---|---|
| パターン型 | 18 | | 平均年齢 | 75 | | G総合収益 | 6,441,945 | |

| 金融取引 | 貯金残高 | 融資残高 | 信用収益 | 信用ランク | 生命系金額 | 医療保険 | 子供金額 | 年金金額 | 建更金額 | 共済収益 | 共済ランク |
|---|---|---|---|---|---|---|---|---|---|---|---|
| グループ平均 | 49,841 | 371,453 | 5,912 | | 9,454,444 | 31,250 | 750,000 | 312,500 | 263,912,683 | 456,703 | 1 |
| グループ選択率 | 100% | 100% | | | 50% | 6% | 13% | 6% | | 81% | |
| 個人 | 17,038 | 828,025 | 12,635 | 1 | 0 | 0 | 0 | 0 | 919,811,365 | 1,530,566 | 1 |
| 個人ーグループ | ▲32,803 | 456,572 | 6,723 | 0 | ▲9,454,444 | ▲31,250 | ▲750,000 | ▲312,500 | 655,898,683 | 1,073,863 | 0 |
| 営業ポイント | ◎ | | | | | | | | | | |

| 購買取引 | 購買金額 | SS金額 | Aコープ金額 | 購買収益 | 購買ランク | | 金融収益 | 金融ランク | 経済収益 | 経済ランク |
|---|---|---|---|---|---|---|---|---|---|---|
| グループ平均 | 2,698 | 102,981 | 14,501 | 23,403 | 4 | | 6,369,076 | 1 | 72,869 | 4 |
| グループ選択率 | 69% | 25% | 0% | | | | | | | |
| 個人 | 29,561 | 0 | 0 | 5,889 | 0 | | 14,165,515 | 1 | 8,610 | 0 |
| 個人ーグループ | 26,863 | ▲102,981 | ▲14,501 | ▲17,514 | 0 | | 7,796,438 | 0 | ▲64,259 | 0 |
| 営業ポイント | | | | | | | | | | |

| 販売取引 | 園芸金額 | 米金額 | 麦金額 | 産直金額 | 販売収益 | 販売ランク |
|---|---|---|---|---|---|---|
| グループ平均 | 6,369,076 | 360,118 | 44,100 | | 46,768 | 4 |
| グループ選択率 | 6% | 19% | 0% | 0% | | |
| 個人 | 0 | 0 | 0 | 0 | 0 | 4 |
| 個人ーグループ | ▲6,369,076 | ▲360,118 | ▲44,100 | 0 | ▲46,768 | 0 |
| 営業ポイント | | | | | | |

| 利用取引 | 育苗金額 | 農作業金額 | ライス金額 | カントリー金額 | 麦金額 | 利用収益 | 利用ランク |
|---|---|---|---|---|---|---|---|
| グループ平均 | 46,768 | 11,098 | 563 | 0 | 11,662 | 2,698 | 4 |
| グループ選択率 | 31% | 6% | | 25% | 0% | | |
| 個人 | 23,520 | 0 | 0 | | | 2,721 | 0 |
| 個人ーグループ | ▲23,248 | ▲11,098 | ▲563 | 0 | ▲11,662 | 23 | 0 |
| 営業ポイント | | | | | | | |

イベント情報　誕生月です。誕生日のお祝いの言葉を述べましょう。
　　　　　　　大口入金がありました。営業ポイントの推進をしましょう。

　以上のことを考えると、この利用者に対してよりJAを利用してもらうためには、他の同じグループの利用者よりは利用が少ない貯金（貯金が少ない理由は家賃の振込先が他行振り込みのものが多くなっているためと推測される）への対応として、家賃振込先をJAに変えてもらうなどの対応ができれば貯金残高も増えると考えられる。また、共済事業でもこの利用者は富裕層と考えられるので、相続対策向けの保険商品の提案を行うことで新規契約につながる可能性が高い。

　このように利用者類型を参考に、平均と個別利用者の比較分析を行い、潜在的なニーズを分析してニーズがあるものを提案して提供していくと、個別利用者がよりJAを使ってもらえるようになる可能性が高い。

　統計分析で導き出された利用類型グループであるため、平均より未利用の事業や商品、サービスを提供すればおそらく新規の契約につながるのではないかと考えられる。

## ５．利用者類型とエリアマーケティングの展開

### ⑴　利用者類型とエリア戦略

　利用者の類型がわかるとエリアマーケティングへの応用も可能になってくる。JAの管内には地域性があり、個々のエリアで特徴を持っている。また、役員の選出も地区単位で選出されるなど昔から地域を形作ってきた。この地域やエリアを対照したマーケティングへの展開は、元々のJAの特性に合致したマーケティングの展開方法ではないだろうか。

　地域性に根ざしたJAであるのに、どのような形で地域に関わるかといった、明確なエリア戦略、意思、計画は存在しているのだろうか。こうしたJAの管内を構成する地域に対する明確なエリア戦略や計画は、分析があってはじめて可能になってくる。

　JAにおけるエリア、地域戦略は組織論としてのアプローチとマーケティング活動としてのアプローチの面の両面での活用が考えられる。

### ⑵　利用者類型とエリア戦略、マーケティングへの応用

　利用者類型の分析結果を用いたJAのエリア戦略のなかで、組織対策への応用と取扱高を拡大させるためのマーケティング活動への応用について考えてみる。具体的な事例として、A農協におけるクラスター分析の結果を用いたエリア戦略への応用を説明することにする。

　すでにクラスター分析によって、どのような組合員の事業利用のパターンがあるのかは判明している。この結果を用いて、まず、地域別組織対策につながる分析として農協離れがどの支店で進んでいるのかを可視化する。JAは事業を利用する協同組合組織であるので、あまりJAの事業を利用しない組合員をJA離れが起きている組合員と定義して支店毎の分布をみていく。当然のことながら、各支店の正組合員のうちあまり事業を利用しない組合員の割合を求め、50％、半数を超える支店を農協離れの生じている支店として推測する。

　もう一つは、エリアマーケティングへの応用して、賃貸事業を営む事業規模の大きい組合員で収益貢献度の高い組合員がどの支店に多くいる

かを、地区別、店舗別にみてみる。また、准組合員では、賃貸事業を営む組合員に加えて、住宅ローンを利用している組合員に関しても支店別にみることにする。

　実際に地域別組織対策として、エリアマーケティングのための一つの分析資料として提示したものが表26である。

　この結果を支店別にみると、農協離れを起こしている支店が多い地域とそうでない地域の支店では大きく差が出ていることがわかる。大口の賃貸業を営みJAから借入が多い組合員がいる支店では、他利用の組合員が少なく組合員離れの程度が低い傾向がみられる。貸出などの業務はJAと組合員との結びつきと何らかの関係を持っている事業と考えられる。また、大口賃貸事業の組合員が特定の支店や地域に多いこともみてとれる。

　こうした状況を前提とすると、より組合員との結びつきを重視すべき地域と大口の個別対応を重視すべき地域とに分かれてくる。大口の利用者が多い地域や支店では、渉外の数も増やすなどよりきめ細かな対応が

### 表24　エリア別事業利用

| ブロック名 | 番号 | 支店名 | 正組合員数 | JA離れ人数 | 農協離脱割合 | 賃貸MP | MP割合 | 准組合員数 | 住宅ローン | 住宅割合 | 賃貸MP |
|---|---|---|---|---|---|---|---|---|---|---|---|
| A地区 | 13 | 支店1 | 391 | 166 | 42.46% | 20 | 5.12% | 5762 | 438 | 7.60% | 15 |
| | 56 | 支店2 | 205 | 81 | 39.51% | 15 | 7.32% | 644 | 34 | 5.28% | 10 |
| | 72 | 支店3 | 120 | 38 | 31.67% | 15 | 12.50% | 1267 | 105 | 8.29% | 7 |
| | 111 | 支店4 | 103 | 20 | 19.42% | 9 | 8.74% | 971 | 41 | 4.22% | 10 |
| B地区 | 21 | 支店5 | 489 | 262 | 53.58% | 18 | 3.68% | 1661 | 86 | 5.18% | 5 |
| | 30 | 支店6 | 235 | 59 | 25.11% | 27 | 11.49% | 1111 | 85 | 7.65% | 7 |
| | 48 | 支店7 | 154 | 50 | 32.47% | 4 | 2.60% | 488 | 28 | 5.74% | 1 |
| | 99 | 支店8 | 314 | 117 | 37.26% | 18 | 5.73% | 1896 | 119 | 6.28% | 6 |
| | 129 | 支店9 | 98 | 50 | 51.02% | 1 | 1.02% | 1380 | 62 | 4.49% | 3 |
| C地区 | 315 | 支店10 | 326 | 161 | 49.39% | 12 | 3.68% | 1145 | 74 | 6.46% | 2 |
| | 323 | 支店11 | 326 | 198 | 60.74% | 14 | 4.29% | 1341 | 82 | 6.11% | 4 |
| | 331 | 支店12 | 289 | 142 | 49.13% | 2 | 0.69% | 329 | 27 | 8.21% | 1 |
| | 340 | 支店13 | 315 | 127 | 40.32% | 5 | 1.59% | 2419 | 64 | 2.65% | 1 |
| D地区 | 510 | 支店14 | 285 | 138 | 48.42% | 7 | 2.46% | 2412 | 109 | 4.52% | 1 |
| | 544 | 支店15 | 158 | 52 | 32.91% | 5 | 3.16% | 1032 | 47 | 4.55% | 1 |
| | 552 | 支店16 | 154 | 58 | 37.66% | 5 | 3.25% | 967 | 39 | 4.03% | 1 |
| | 561 | 支店17 | 278 | 151 | 54.32% | 5 | 1.80% | 477 | 36 | 7.55% | 2 |
| | 609 | 支店18 | 78 | 38 | 48.72% | 4 | 5.13% | 326 | 22 | 6.75% | 1 |
| E地区 | 528 | 支店19 | 538 | 270 | 50.19% | 11 | 2.04% | 1514 | 115 | 7.60% | 4 |
| | 579 | 支店20 | 279 | 123 | 44.09% | 6 | 2.15% | 732 | 67 | 9.15% | 6 |
| | 587 | 支店21 | 333 | 145 | 43.54% | 5 | 1.50% | 506 | 48 | 9.49% | 3 |
| | 595 | 支店22 | 78 | 30 | 38.46% | 4 | 5.13% | 1293 | 77 | 5.96% | 2 |
| F地区 | 714 | 支店23 | 620 | 256 | 41.29% | 22 | 3.55% | 3182 | 153 | 4.81% | 11 |
| | 722 | 支店24 | 435 | 208 | 47.82% | 16 | 3.68% | 1028 | 82 | 7.98% | 8 |
| | 731 | 支店25 | 427 | 193 | 45.20% | 16 | 3.75% | 441 | 22 | 4.99% | 8 |
| | 749 | 支店26 | 114 | 61 | 53.51% | 1 | 0.88% | 191 | 9 | 4.71% | 1 |
| | 757 | 支店27 | 270 | 107 | 39.63% | 2 | 0.74% | 476 | 25 | 5.25% | 1 |
| G地区 | 811 | 支店28 | 743 | 465 | 62.58% | 2 | 0.27% | 1804 | 67 | 3.71% | 1 |
| | 978 | 支店29 | 712 | 422 | 59.27% | 1 | 0.14% | 434 | 22 | 5.07% | 4 |
| H地区 | 820 | 支店30 | 380 | 188 | 49.47% | 14 | 3.68% | 2708 | 123 | 4.54% | 10 |
| | 838 | 支店31 | 332 | 181 | 54.52% | 3 | 0.90% | 296 | 38 | 12.84% | 1 |
| | 846 | 支店32 | 303 | 153 | 50.50% | 16 | 5.28% | 1283 | 124 | 9.66% | 4 |
| | 854 | 支店33 | 257 | 148 | 57.59% | 13 | 5.06% | 542 | 22 | 4.06% | 4 |
| I地区 | 862 | 支店34 | 645 | 274 | 42.48% | 1 | 0.16% | 1049 | 65 | 6.20% | 4 |
| | 889 | 支店35 | 142 | 43 | 30.28% | 8 | 5.63% | 1670 | 63 | 3.77% | 4 |
| | 901 | 支店36 | 409 | 242 | 59.17% | 1 | 0.24% | 330 | 14 | 4.24% | 4 |
| | 919 | 支店37 | 271 | 147 | 54.24% | 1 | 0.37% | 141 | 9 | 6.38% | 4 |
| J地区 | 935 | 支店38 | 1362 | 857 | 62.92% | 1 | 0.07% | 945 | 58 | 6.14% | 4 |
| | 951 | 支店39 | 650 | 327 | 50.31% | 1 | 0.15% | 460 | 26 | 5.65% | 4 |
| | 960 | 支店40 | 462 | 367 | 79.44% | 1 | 0.22% | 353 | 10 | 2.83% | 4 |

重要になってくる。地域環境が似通った支店で農協離れの組合員が多いとすれば、すでに JA から他行の借入に借換された先の取り戻しなども有効な手段といえる。農協離れが多い支店で何を行っていくかが、具体的な組織対策につながってくる。

　また、准組合員のクラスター分析の結果をみると、住宅ローンの利用が多い地区や支店もはっきりする。賃貸事業運営の組合員が多く、住宅ローンを借り入れている組合員が多い地域では、金融のニーズが大きいと推測される。そうした地域で支店の LA や MA など他店舗と同じ人員配置でいいのだろうか。人員を強化して重要な取引先の借換が起きないように組合員宅の訪問を強化するなどの対策も必要と思われる。

　このように、事業利用のパターンが抽出できれば、組織を強化する取組みや JA の事業利用の向上に向けた戦略的な取組みの構築も十分に可能になることがわかる。事業利用パターン分析を地域別などに展開することで、組合員組織基盤のより強固な構築とより組合員に事業利用を促進するための根拠を持ったマーケティング戦略の展開も十分可能と考えられる。

# 参考資料

1．ＪＡ改革対応に向けた行動計画書
　　（アクションプログラム）
2．金融庁ベンチマーク
3．内部統制にかかる全体鳥瞰図
4．中期経営計画におけるＪＡ改革の取組み
5．支店における信用事業四半期モニタリング様式
6．支店における共済事業四半期モニタリング様式
7．経済部事業部門別四半期モニタリングシート
8．内部統制における全般統制評価項目
9．内部統制構築に向けた取組計画
10．３ステップによる内部統制構築例
11．内部統制の有効性検証シート

# １．ＪＡ改革対応に向けた行動計画書（アクションプログラム）

**ＪＡ自己改革**

| 最重要課題 | 課題及び行動計画 | 期待する成果と目標 |
|---|---|---|
| 農家所得向上 | ● 生産資材の有利調達（農薬価格の引き下げ）<br>・他店舗調査でJAとの価格比較<br>・同時に海外や他県からの仕入れ調査<br>・購買委員の設置<br>・全農、他農薬業者を含めた入札制度の導入<br>・全農が直接販売し、JAは決済手数料をもらうのも検討<br>・農薬価格の引き下げ<br>・組合員へのPR、職員への周知、地域への発信 | 生産コストの削減と価格引き下げの見える化 |
| | ● 販路の拡大<br>・ネットショップの開設<br>・インショップ事業（JR駅内、●●スーパー）<br>・全農のノウハウを生かし飛騨牛等の輸出 | 輸出を含めた販路の開拓、輸出２割拡大 |
| | ● 地域内商工業者との連携した食材提供<br>・課題の洗い出し<br>・地域内商工業者との話し合いでの流通経路の確保<br>・物流カー運行 | 地産地消と食を通じた地域社会との結びつき強化 |
| | ● 農業生産拡大の為の経営支援<br>・金融機関としてのテスト人材派遣の実施 | 農業経営に対する直接支援 |
| | ・資金ニーズの把握と金融・農業融資対応 | 農業融資の２割拡大 |
| | ● 産直施設の活性化<br>・集客のためのイベント企画<br>・産直施設（●●）に観光ハウスの建設<br>・産直施設（●●）に農家レストランの建設<br>・産直施設（●●）に農園と公園の建設 | 地場流通農産物の拡大と高付加価値化 |
| 地域、農業の活性化に向けた取り組み | ● 遊休地（耕作放棄地）を活用した農業体験農園の開設<br>・農業体験農園の開設<br>・住宅ローン利用者対象に市民農園を提供<br>・マスコミ・行政へのPR | 耕作放棄地解消の取り組みと地域農業応援団の組成 |

**農協法改正への対応**

| 最重要課題 | 課題及び行動計画 | 期待する　成果と目標 |
|---|---|---|
| 役員構成の見直し | ● 理事構成素案の策定（理事会等）<br>● 担い手との徹底した話し合い<br>● 役員選任規定の変更又は内規の策定<br>　（総代会又は理事会）<br>● 支店・地区運営委員会等での改選手続きの周知 | 地区選出と農協法改正との調和 |
| | ● 役員改選手続き<br>● 総代会選任<br>● 認定農業者との対話の強化 | 認定農業者の要望の把握と意見反映 |
| 公認会計士監査 | ● 会計基準の遵守（規定・マニュアル、文書化）<br>・経済関連規定・マニュアルの整備 | 監査証明のための内部統制整備 |
| | ・経済関連規定・マニュアルの周知<br>・経済関連規定・マニュアルの運用開始<br>・経済関係以外の規定・マニュアルの見直し<br>　（必要により） | 監査証明コストの低減 |
| | ● 内部統制の整備<br>・全事業のキーコントロール策定、IT統制<br>　⇒運用評価⇒必要により規定見直し<br>● 統制環境の整備<br>・オペリスクの数値化<br>・オペリスクのコントロール実践と異常値検出時の修正等 | PDCAの有効性の向上、偶発リスクの抑制 |
| | ● 会計監査人の選定<br>● 会計監査人の選任 | 会計監査人選定<br>ショートレビューの実施 |
| | ● 監査法人による監査の実施<br>● 内部監査強化による業務監査の実施 | |

**組合員制度と事業規制強化への対応**

| 最重要課題 | 課題及び行動計画 | 期待する　成果と目標 |
|---|---|---|
| 現組合員資格の見直し | ● 准組合員規制に向けた組合員資格調査の実施<br>● 組合員資格要件の見直しと検討<br>● 正組合員資格を有するが准組合員である方への資格変更対応 | 現行組合員の維持と資格要件の調和 |
| 准組合員の協同活動への参加 | ● 組合員意識の高揚<br>　・准組合員の支店運営委員会への参加<br>　・正准交流イベントの実施<br>● 農業者応援定期の検討 | 正組合員からの地域の准組合員の必要性 |
| 准組合員の正組合員化 | ● 准組合員へ事業誘導による正組合員化<br>　・新規住宅ローン先への市民農園の提供<br>　・正組合員のメリットの策定<br>　・正組合員への推進<br>● 正組合員家族の複数正組合員化<br>● ＪＡ職員及び家族の正組合員化<br>　・ＪＡ職員の組合員加入調査<br>　・正組合員になれるような案の作成<br>　・正組合員への加入促進 | 事業利用制限のない組合員の増加によるＪＡの安定運営 |
| 正組合員の取引拡大 | ● 正組合員への事業推進（メイン化）<br>　・総合ポイントによる正組合員の事業利用率の調査<br>　・正組合員のメリットによる准組合員及び員外との差別化<br>　（貯金金利、総合ポイントカードの作成） | 事業利用制限割合の緩和 |
| 員外利用規制強化への対応 | ● 員外利用の状況把握と是正対応<br>　・員外利用規制の状況把握と対応判断<br>　・員外利用状況の把握と是正対応策の検討<br>　・員外利用禁止の場合の対応策の検討<br>　・員外利用禁止に伴う事業売却や子会社化の検討 | 員外利用規制の方向の見極めと規制強化の場合の対応策の検討 |

**事業専門能力の向上（イコールフッティングの対応）**

| 最重要課題 | 課題及び行動計画 | 期待する　成果と目標 |
|---|---|---|
| 【信用事業】<br>信用リスク管理の高度化 | ● 大口融資先の債務者格付けと随時査定への移行<br>　・融資部との立てつけの作成<br>● 担保主義からの審査方法の改善<br>● 信用力評価による金利設定、リスク調整後収益重視への転換<br>● 専門職員の育成（国家資格取得の義務化）<br>● マイナス金利への対応<br>　・調達コストの削減<br>　・農業融資増大、事業融資ノウハウの取得<br>● 支店融資機能強化プログラム策定 | 他行並みの信用リスク管理の実現<br><br>他行並みの与信管理と審査能力向上<br><br>信用力分析能力の向上 |
| 【信用事業】<br>ＡＬＭ・リスクコントロールの高度化 | ● 低金利下での調達、運用と資金収支のコントロール<br>● 貯金キャンペーンによる調達コストへの影響と資金収支の予測<br>● アセットアロケーションによるＡＬＭと資金収支の予測・分析 | 資金収支低下の抑制と確保 |
| 【信用事業】<br>金融機関としての支店機能の見直し | ● 金融店舗としての支店機能の見直しと実践<br>● 金融機関としての支店長の役割の策定<br>● 支店での融資・審査機能の向上と融資実行<br>● 支店収益管理方法の検討と実践<br>● 支店収益に基づく重点利用者の認識と取引拡大方策の策定<br>● 支店長会議運営の見直し、四半期レビューの実施 | 支店長が融資に感心を持つ経営文化への転換<br><br>貯金量から支店収益重視への転換 |
| 【営農・経済事業】<br>目標数値による損益管理 | ● 予測し、見える化（数値化）することによるリスク許容限度による赤字の削減と収支均衡<br>● 四半期モニタリングの継続とレビューの徹底<br>● 事業としての黒字化、収支・独立採算の確立<br>　（営農・経済事業の赤字依存体質からの脱却）<br>　現状はこの状態を軽視 | 独立採算の実現<br>黒字化の実現 |

| 【営農・経済事業】<br>営農・経済事業改革 | ● 拠点再編と収支改善目標の設定<br>● ＪＡ改革期間後の赤字半減に向けた対応策の検討と実践<br>● 員外利用規制に向けた対応策、別会社化等の検討 | 改革による赤字の大幅削減 |
|---|---|---|

## 地域、組合員に対するＪＡの存在感の向上

| 最重要課題 | 課題及び行動計画 | 期待する成果と目標 |
|---|---|---|
| 正組合員との率直な意見交換ができていない | ● 支店運営のありかたについて<br>・各支店長の支店運営委員会の役割の理解<br>・支店運営委員としての役割を理解<br>・各部署から課題の聞き取りをし課題を明確にする<br>・支店運営委員会を開催しディスクローズの徹底<br>・課題についての意見集約、また要望集約<br>・問題の解決<br>・地域ビジョンについての話し合い<br>・地域課題についての話し合い<br>・地域とともに何をしていくかの話し合い<br>・地域の為に〇〇を実行 | 地域でのＪＡの存在感の向上 |
| 地域のJAとしての支店機能見直し（地域の拠点としての支店） | ● エリア戦略の展開と地域での必要性の向上<br>● 低利用組合員に対するアプローチ<br>● 高利用組合員に対するアプローチ<br>● 事業利用を通じた地域での重要性の向上策の策定と実践 | 事業利用の深化による組合員にとっての必要性の向上 |
| 組合員・利用者ニーズの見える化 | ● 名寄せ取引データによる利用者階層の抽出（クラスター分析）<br>● 収益ランクによる収益貢献度評価<br>● 重要利用者の認識と対応<br>● 重要利用者の拡大と取引深耕対応 | 取引深耕による利用者にとっての必要性の向上<br><br>低利用組合員の２割低減 |
| 組合員・利用者満足度の見える化 | ● 総合ポイントによる重層取引先の管理<br>● 組合員・利用者への満足度アンケート<br>● 組合員・利用者のＣＳ向上策の策定 | ＪＡ利用者の重要性向上<br><br>利用者満足度２割向上 |

# ２．金融庁ベンチマーク

参考資料

## １．共通ベンチマーク

| 項目 | 共通ベンチマーク |
|---|---|
| （１）　**取引先企業の経営改善や成長力の強化** | |
| | 1.　金融機関がメインバンク（融資残高１位）として取引を行っている企業のうち、経営指標（売上・営業利益率・労働生産性等）の改善や就業者数の増加が見られた先数（先数はグループベース。以下断りがなければ同じ）、及び、同先に対する融資額の推移 |
| （２）　**取引先企業の抜本的事業再生等による生産性の向上** | |
| | 2.　金融機関が貸付条件の変更を行っている中小企業の経営改善計画の進捗状況 |
| | 3.　金融機関が関与した創業、第二創業の件数 |
| | 4.　ライフステージ別の与信先数、及び、融資額（先数単体ベース） |
| （３）　**担保・保証依存の融資姿勢からの転換** | |
| | 5.　金融機関が事業性評価に基づく融資を行っている与信先数及び融資額、及び、全与信先数及び融資額に占める割合（先数単体ベース） |

## ２．選択ベンチマーク

| 項目 | 共通ベンチマーク |
|---|---|
| （１）　**地域へのコミットメント・地域企業とのリレーション** | |
| | 1.　全取引先数と地域の取引先数の推移、及び、地域の企業数との比較（先数単体ベース） |
| | 2.　メイン取引（融資残高１位）先数の推移、及び、全取引先数に占める割合（先数単体ベース） |
| | 3.　法人担当者１人当たりの取引先数 |
| | 4.　取引先への平均接触頻度、面談時間 |
| （２）　**事業性評価に基づく融資等、担保・保証に過度に依存しない融資** | |
| | 5.　事業性評価の結果やローカルベンチマークを提示して対話を行っている取引先数、及び、左記のうち、労働生産性向上のための対話を行っている取引先数 |
| | 6.　事業性評価に基づく融資を行っている与信先の融資金利と全融資金利との差 |
| | 7.　地元の中小企業与信先のうち、無担保与信先数、及び、無担保融資額の割合（先数単体ベース） |
| | 8.　地元の中小企業与信先のうち、根抵当権を設定していない与信先の割合（先数単体ベース） |
| | 9.　地元の中小企業与信先のうち、無保証のメイン取引先の割合（先数単体ベース） |
| | 10.　中小企業向け融資のうち、信用保証協会保証付き融資額の割合、及び、100％保証付き融資額の割合 |
| | 11.　経営者保証に関するガイドラインの活用先数、及び、全与信先数に占める割合（先数単体ベース） |

185

| （3） | 本業（企業価値の向上）支援・企業のライフステージに応じたソリューションの提供 |
|---|---|
| | 12. 本業（企業価値の向上）支援先数、及び、全取引先数に占める割合 |
| | 13. 本業支援先のうち、経営改善が見られた先数 |
| | 14. ソリューション提案先数及び融資額、及び、全取引先数及び融資額に占める割合 |
| | 15. メイン取引先のうち、経営改善提案を行っている先の割合 |
| | 16. 創業支援先数（支援内容別） |
| | 17. 地元への企業誘致支援件数 |
| | 18. 販路開拓支援を行った先数（地元・地元外・海外別） |
| | 19. M&A支援先数 |
| | 20. ファンド（創業・事業再生・地域活性化等）の活用件数 |
| | 21. 事業承継支援先数 |
| | 22. 転廃業支援先数 |
| | 23. 事業再生支援先における実抜計画策定先数、及び、同計画策定先のうち、未達成先の割合 |
| | 24. 事業再生支援先におけるDES・DDS・債権放棄を行った先数、及び、実施金額（債権放棄額にはサービサー等への債権譲渡における損失額を含む、以下同じ） |
| | 25. 破綻懸念先の平均滞留年数 |
| | 26. 事業清算に伴う債権放棄先数、及び、債権放棄額 |
| | 27. リスク管理債権額（地域別） |
| （4） | 経営人材支援 |
| | 28. 中小企業に対する経営人材・経営サポート人材・専門人材の紹介数（人数ベース） |
| | 29. 28の支援先に占める経営改善先の割合 |
| （5） | 迅速なサービスの提供等顧客ニーズに基づいたサービスの提供 |
| | 30. 金融機関の本業支援等の評価に関する顧客へのアンケートに対する有効回答数 |
| | 31. 融資申込みから実行までの平均日数（債務者区分別、資金使途別） |
| | 32. 全与信先に占める金融商品の販売を行っている先の割合、及び、行っていない先の割合（先数単体ベース） |
| | 33. 運転資金に占める短期融資の割合 |
| （6） | 業務推進体制 |
| | 34. 中小企業向け融資や本業支援を主に担当している支店従業員数、及び、全支店従業員数に占める割合 |
| | 35. 中小企業向け融資や本業支援を主に担当している本部従業員数、及び、全本部従業員数に占める割合 |
| （7） | 支店の業績評価 |
| | 36. 取引先の本業支援に関連する評価について、支店の業績評価に占める割合 |

| （8） | 個人の業績評価 |
|---|---|
| | 37．取引先の本業支援に関連する評価について、個人の業績評価に占める割合 |
| | 38．取引先の本業支援に基づき行われる個人表彰者数、及び、全個人表彰者数に占める割合 |
| （9） | 人材育成 |
| | 39．取引先の本業支援に関連する研修等の実施数、研修等への参加者数、資格取得者数 |
| （10） | 外部専門家の活用 |
| | 40．外部専門家を活用して本業支援を行った取引先数 |
| | 41．取引先の本業支援に関連する外部人材の登用数、及び、出向者受入れ数（経営陣も含めた役職別） |
| （11） | 他の金融機関及び中小企業支援策との連携 |
| | 42．地域経済活性化支援機構（REVIC）、中小企業再生支援協議会の活用先数 |
| | 43．取引先の本業支援に関連する中小企業支援策の活用を支援した先数 |
| | 44．取引先の本業支援に関連する他の金融機関、政府系金融機関との提携・連携先数 |
| （12） | 収益管理態勢 |
| | 45．事業性評価に基づく融資・本業支援に関する収益の実績、及び、中期的な見込み |
| （13） | 事業戦略における位置づけ |
| | 46．事業計画に記載されている取引先の本業支援に関連する施策の内容 |
| | 47．地元への融資に係る信用リスク量と全体の信用リスク量との比較 |
| （14） | ガバナンスの発揮 |
| | 48．取引先の本業支援に関連する施策の達成状況や取組みの改善に関する取締役会における検討頻度 |
| | 49．取引先の本業支援に関連する施策の達成状況や取組みの改善に関する社外役員への説明頻度 |
| | 50．経営陣における企画業務と法人営業業務の経験年数（総和の比較） |

## 3. 内部統制にかかる全体鳥瞰図

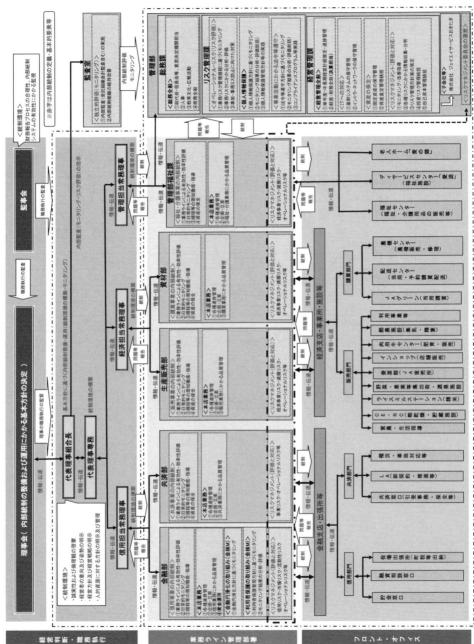

参考資料

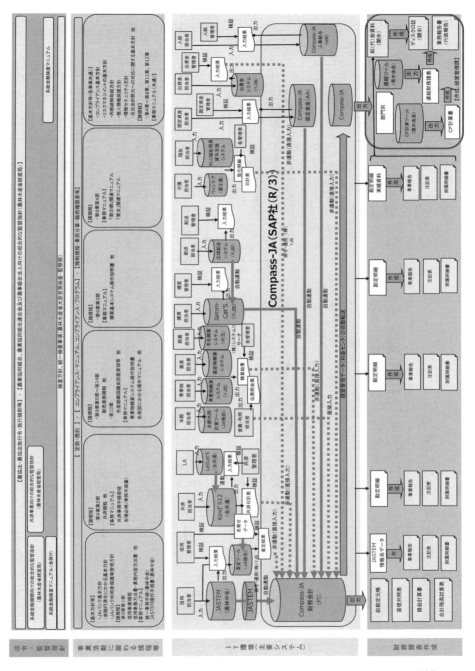

# 4. 中期経営計画におけるＪＡ改革の取組み

## 第○次中期経営計画における取組み ～積極的な自己改革への挑戦と改革～

ＪＡ改革の進展のなかで信用事業分離論や准組合員の事業利用制限論など、これまでのＪＡのあり方を根本的に変える提案がなされている中、[中期経営計画]ではＪＡ改革に対応して農業所得の向上、地域・組合員からみた、ＪＡの存在感の向上、組合員・利用者の総合的な満足度を継続していくことが将来の総合事業を守るための課題でもあります。

こうした大幅な環境の変化が予測されるなかで如何に総合事業として組合員・地域住民に支持されるかであり続けるため、将来を見据えた未来を拓くための改革の計画としていきます。このために総合事業改革のメインテーマを「積極的な自己改革への挑戦」とし、基本方針を策定します。トリプル改革への対応として主に四つ。Ⅰ「将来の規制強化への対応」、Ⅱ「農業所得の増大」、Ⅲ「農協法改正への対応」、Ⅳ「総合事業改革の実現に向けた実践」、Ⅴ「組合員・地域の満足度の向上」を掲げ目標を定め実践していきます。

### 総合事業の堅持

### 将来の規制強化への対応

**組合員制度と事業利用制限への対応**
- 准組合員事業利用規制に向けた組合員資格調査の実施
- 事業利用制限の無い正組合員の拡大対策
- 正組合員資格を満たす准組合員の正組合員化
- 地域・組合員のＪＡ支持の拡大

### 農協法改正への対応

**公認会計士監査への対応**
- 監査証明に向けた内部統制の整備
- 減損リスクへの対応、将来を見据えた決算対応
- 会計監査人の選定などショートレビューへの対応

**認定農業者との対話・意思反映**
- 常勤役員、支店長等で年内に認定農業者を訪問し、意見交換。
- 法改正を受けた役員構成の見直し
- 担い手への情報提供を含めた各地での対話・意見交換会
- 部会単位の意見交換会の開催

### 農業所得の増大に向けて

**農産物販売力の強化と所得向上**
- 農産物のブランド化による高付加価値化の実現
- 輸出、ネット等新たな販売チャネルの創造と所得拡大対策
- 有利販売と有利販売の徹底

**地域の食と農における中心的な役割の発揮**
- 地域内商工業者との連携による高付加価値化と所得向上
- 地域資源（地名ブランド・銘木）を活用した地域ブランド化
- 観光農園等による各市民参加の加工農業、農業理解の向上
- うまかもん市場を中心とした地域流通の拡大、規格外品の現金化

**農作業労務マッチング**
- 農業生産拡大のために人材不足が課題であり、その課題解決に向けた取組み。

**生産資材価格の低減**
- ホームセンター、商系店舗、ＪＡ資材価格の調査と開示
- 購買取扱の一元化や競争入札制度の検討と実施
- 多元的な仕入先確保と組合員化、物流コストの見直し等検討

**担い手の育成と農業基盤の確保**
- 将来の地域農業の生産基盤を守るため、農業後継者の育成に向けた取り組みの強化

**農産物の直接買い取り、直接販売**
- ＪＡ改革の農産物の直接買い取り、直接販売への対応を検討
- 独自消費ブランドによる独自販売の検討
- 外部との連携による付加価値化

参考資料

必要不可欠な存在

## 総合事業としての経営基盤の確立

JA改革の進展やマイナス金利などによる金融事業の収益力の低下に対応するため、総合事業としての安定したキャッシュフローを生み出し、経営が将来とも安定して継続出来る経営改革を図り、経営基盤の確保を図ります。厳しい事業環境、JA改革の進行の下で、全ての事業取扱高の下に意識の転換を図ります。信用事業では担保主義からの脱却、他行並みの支店での収益改善、融資調査費、融資先リスクの低減、農業関連施設投資に関する基本的な考え方とルールの策定など、事業改革、行動様式の変更を実践するなかで安定収益の確保を図ります。経済事業における赤字からの脱却など安定収益の確保を図ります。

### 経済事業の赤字縮小と収支均衡化
・確実な赤字削減に向けた数値目標とPDCAの実践
・四半期レビューと黒字・リスク量の限度管理の実践
・投資ルールの策定による投資回収リスク、減損リスクの低減
・農業関連施設投資に関する基本的な考え方のルール化
・利用者ニーズにあわせた事業利用の促進

### イコールフッティングへの対応と収益力強化
・支店の金融拠点機能の見直しと金融仲介機能の強化
・信用リスク管理態勢の高度化と随時審査態勢への移行
・支店収益改善に向けた実績評価、人材育成
・相対主義から信用力評価と分析に向けた審査体制の高度化
・多様なニーズにあわせた農業融資の拡大

### 総合的なリスクマネジメントによる経営健全化
・キャッシュフロー重視の意識改革と事業改革の実践。
・四半期モニタリングによる収支の健全化
・将来リスクの認識と対策の実践
・組織再編に向けた対応と組織の実現
・支店機能の見直しと再編成に向けた取り組み

## 組合員・地域の必要性と組合価値の向上

JA改革への対応を図り、厳しい事業環境を乗り越えていくためには組合員と地域における必要性や必要度を発揮していくことが求められます。そのため、JAの立場での必要性や組合員の事業利用が広がる取り組みを行いながら、より一層の組合員の満足度を高め、地域における必要度や存在感を高めるためのエリア戦略を展開します。無く、個々の組合員のニーズを的確に把握し、積極的にニーズに応えることで組合員のニーズに応え、協同組合としての機能の提供と発揮。

### 組合員・地域のニーズと満足度の見える化
・総合事業としての利用者ニーズの把握と分析による利用者ニーズの把握を地域別に行います。
・組合員のニーズの見直しとニーズに基づく事業利用の促進を地域別に展開し、次世代対応の組合体制を展開します。
・利用者満足度調査による事業体制の把握と利用者満足度利用向上のための対策の実施。

### 組合員・地域のニーズに応える事業展開
・組合員利用、JAの組合員への必要性と価値の向上による新たな成長戦略の展開。
・組合員のニーズや満足度（CS）にあったJA事業利用の促進。
・組合員のJA事業利用の促進に向けた事業方式の見直し。
・総合事業のニーズを生かした総合対策による家計のメイン化。

### 支店機能の見直しとエリア展開
・金融機能としての支店機能を見直していくことが必要になります。全般的な専門性の向上を図ります。また、協同組合の地域の拠点のあり方を見直し、地域でのJAの必要性を高めていきます。地域の事業利用の促進を促進します。

# 5. 支店における信用事業四半期モニタリング様式

基準月　3月　　店番　26　　支所名

## 資金収支・利鞘の状況（29年 3月末）

（単位：百万円、％）

| | 平成27年度 3月末実績(A) | | | 平成28年度 3月末計画(B) | | | 平成28年度 3月末実績(C) | | | 前年同月比(C)-(A) | | | 累月計画比(C)-(B) | | |
|---|---|---|---|---|---|---|---|---|---|---|---|---|---|---|---|
| | 平残① | 利回り | 利息(千円) | 平残② | 利回り | 利息(千円) | 平残 | 利回り③ | 利息(千円) | 平残④ | 利回り⑤ | 利息(千円) | 平残⑥ | 利回り⑦ | 利息(千円) |
| 調達計 (1) | 23,499 | 0.0961 | 22,645 | | | | 22,984 | 0.0825 | 18,966 | ▲514 | ▲0.014 | ▲3,680 | | | |
| 当座性貯金 | 6,923 | 0.0178 | 1,234 | | | | 7,050 | 0.0009 | 63 | 127 | 0.017 | ▲1,171 | | | |
| 定期性貯金 | 16,575 | 0.1288 | 21,411 | | | | 15,935 | 0.1186 | 18,903 | ▲641 | ▲0.010 | ▲2,509 | | | |
| 運用計 (2) | 23,499 | 0.8204 | 193,312 | | | | 22,984 | 0.8324 | 191,312 | ▲514 | 0.012 | ▲2,000 | | | |
| 預金 ※(貯金-貸出金) | 18,775 | 0.5632 | 106,030 | | | | 18,388 | 0.5467 | 100,419 | ▲407 | 0.017 | ▲5,611 | | | |
| 貸 出 金 | 4,724 | 1.8427 | 87,282 | | | | 4,616 | 1.9690 | 90,893 | ▲108 | 0.126 | 3,611 | | | |
| 資金収支 (2) - (1) | 170,667 | | | | | | 172,346 | | | | | ⑦ 1,680 | | | |

※調達金平残は「貯金平残・貸出金」とし、JA計の預金利回りから利息を算出しています。

| | | | | | | |
|---|---|---|---|---|---|---|
| 貯積利鞘 | 0.4671 | | | | 0.4642 | ▲0.0029 |
| 貯貸利鞘 | 1.7465 | | | | 1.8865 | 0.1399 |
| 貯資率（平残） | 20.1 | | | | 20.1 | 0.0 |

## 【ＶＲ要因分析】 ※V=量、R=利回り

| | 前年度比 | | | 計画比 | | | 利回差 | | |
|---|---|---|---|---|---|---|---|---|---|
| | 量③×④ | 利回り①×⑤ | 計(千円) | 量③×⑥ | 利回り②×⑦ | 計(千円) | 支店⑧ | JA全体⑨ | ⑧-⑨ |
| 調達計 | ▲759 | ▲2,859 | ▲3,618 | | | | 0.0825 | 0.0805 | 0.0020 |
| 当座性貯金 | 1 | 1,169 | 1,167 | | | | 0.0009 | 0.0009 | 0.0000 |
| 定期性貯金 | ▲760 | 1,690 | 2,450 | | | | 0.1186 | 0.1151 | 0.0035 |
| 運用計 | ▲4,342 | 2,870 | ▲1,472 | | | | 0.8324 | 0.7684 | 0.0639 |
| 預 金 | ▲2,223 | ▲3,098 | 5,321 | | | | 0.5467 | 0.5467 | 0.0000 |
| 貸 出 金 | 2,118 | 5,968 | ▲3,850 | | | | 1.9690 | 1.6569 | 0.3121 |
| 資金収支 | ▲3,583 | 5,729 | 2,146 | 資金収支のJA計 | | | | | |

【①前年対比額増減要因】

【②今後の課題】

【③対応策】

# 6. 支店における共済事業四半期モニタリング様式

## 平成28年度支店別共済保有高・付加収入比較表

### 11 月

| 区分 | 27年度実績11月(A) | | | 28年度計画11月(B) | 28年度実績11月(C) | | | 前年同期比(C)-(A) | | | 計画対比(C)-(B) |
|---|---|---|---|---|---|---|---|---|---|---|---|
| | 件数(件) | 金額(千円) | 1件当たり金額(千円) | 金額(千円) | 件数(件) | 金額(千円) | 1件当たり金額(千円) | 件数(件) | 金額(千円) | 1件当たり金額(千円) | 金額(千円) |
| 長期共済保有高 | - | 5,609,240 | - | 5,518,522 | - | 5,566,761 | - | - | ▲42,479 | - | 48,240 |
| 年金共済保有高 | - | 42,760 | - | 42,882 | - | 43,876 | - | - | 1,116 | - | 993 |
| 短期新契約金額 | - | 44,634 | - | - | - | 43,108 | - | - | ▲1,526 | - | - |
| 付加収入(長期) | 8,438 | 63,240 | 7 | 63,281 | 8,529 | 66,343 | 8 | 91 | 3,103 | 0 | 3,062 |
| うち終身共済 | 1,733 | 11,888 | 7 | - | 1,770 | 12,790 | 7 | 37 | 902 | 0 | - |
| うち定期生命 | 18 | 225 | 12 | - | 17 | 216 | 13 | ▲1 | ▲9 | 0 | - |
| うち養老生命 | 822 | 5,839 | 7 | - | 800 | 5,690 | 7 | ▲22 | ▲149 | 0 | - |
| うち養老共済 | 373 | 2,574 | 7 | - | 372 | 2,158 | 6 | ▲1 | ▲416 | ▲1 | - |
| (こども共済) | 1,030 | 4,894 | 5 | - | 1,013 | 4,636 | 5 | ▲17 | ▲259 | 0 | - |
| うち医療共済 | 681 | 1,730 | 3 | - | 698 | 1,561 | 2 | 17 | ▲169 | ▲0 | - |
| うちがん共済 | 110 | 440 | 4 | - | 104 | 405 | 4 | ▲6 | ▲35 | ▲0 | - |
| うち定期医療共済 | 372 | 4,392 | 12 | - | 371 | 3,550 | 10 | ▲1 | ▲842 | ▲2 | - |
| うち介護共済 | 2,961 | 31,063 | 10 | - | 3,038 | 34,598 | 11 | 77 | 3,535 | 1 | - |
| うち建物更生共済 | 711 | 2,770 | 4 | - | 718 | 2,898 | 4 | 7 | 128 | 0 | - |
| 付加収入(短期) | - | 13,686 | - | 14,051 | - | 13,301 | - | - | ▲385 | - | ▲751 |
| 付加収入合計 | - | 76,927 | - | 77,332 | - | 79,644 | - | - | 2,717 | - | 2,312 |

【前年同期比　増減要因】

【今後の課題】

【対応策】

## 7．経済部事業部門別四半期モニタリングシート

経済部　事業部門別損益モニタリングーシート　　　　　　　　　　　　　　　　　　　（単位：千円、%）

| | 店舗 | | | | | | | | |
|---|---|---|---|---|---|---|---|---|---|
| | H26実績① | H27実績② | 前年比②/① | H28計画③ | H28計画/H27実績③/② | H27(5月)実績④ | H28(5月)実績⑤ | 前年比⑤/④ | 計画比⑤/③ |
| 購 買 品 供 給 高 | 205,054 | 182,596 | 89.0 | 190,000 | 104.1 | 51,582 | 52,422 | 101.6 | 27.6 |
| 購 買 雑 収 入 | 427 | 388 | 90.9 | 450 | 116.0 | 70 | 75 | 107.1 | 16.7 |
| 事 業 直 接 収 益 | 205,481 | 182,984 | 89.1 | 190,450 | 104.1 | 51,652 | 52,497 | 101.6 | 27.6 |
| 購 買 品 受 入 高 | 172,399 | 154,414 | 89.6 | 157,700 | 102.1 | 43,312 | 43,977 | 101.5 | 27.9 |
| 購 買 雑 費 | 12,984 | 11,381 | 87.7 | 14,130 | 124.2 | 2,784 | 2,644 | 95.0 | 18.7 |
| 事 業 直 接 費 用 | 185,383 | 165,795 | 89.4 | 171,830 | 103.6 | 46,096 | 46,621 | 101.1 | 27.1 |
| 事 業 総 利 益 | 20,098 | 17,189 | 85.5 | 18,620 | 108.3 | 5,556 | 5,876 | 105.8 | 31.6 |
| 人 件 費 | 17,086 | 16,816 | 98.4 | 16,816 | 100.0 | 4,222 | 4,206 | 99.6 | 25.0 |
| 業 務 費 | 2,158 | 2,093 | 97.0 | 2,093 | 100.0 | 576 | 714 | 124.0 | 34.1 |
| 諸 税 負 担 金 | 677 | 629 | 92.9 | 629 | 100.0 | 185 | 325 | 175.7 | 51.7 |
| 施 設 費 | 2,135 | 2,219 | 103.9 | 2,219 | 100.0 | 571 | 699 | 122.4 | 31.5 |
| うち減価償却費 | 1,164 | 1,154 | 99.1 | 1,154 | 100.0 | 288 | 286 | 99.3 | 24.8 |
| 雑 費 | 26 | 24 | 92.3 | 24 | 100.0 | 4 | 10 | 250.0 | 41.7 |
| 事 業 管 理 費 | 22,084 | 21,783 | 98.6 | 21,783 | 100.0 | 5,560 | 5,957 | 107.1 | 27.3 |
| 事 業 利 益 | △ 1,986 | △ 4,594 | △ 131.3 | △ 3,163 | 31.1 | △ 4 | △ 81 | △ 2,025.0 | △ 2.6 |
| キャッシュフロー | △ 822 | △ 3,440 | △ 318.5 | △ 2,009 | 41.6 | 284 | 205 | △ 72.2 | 10.2 |
| 事 業 管 理 費 比 率 | 109.9 | 126.7 | | 117.0 | | 100.1 | 101.4 | | |

（単位：千円、%）

| 【主な指標等】 | | H26実績① | H27実績② | 前年比②/① | H28計画③ | H28計画/H27実績③/② | H27(5月)実績④ | H28(5月)実績⑤ | 前年比⑤/④ | 計画比⑤/③ |
|---|---|---|---|---|---|---|---|---|---|---|
| 客数(人) | 実績・成行計画 | 46,446 | 46,539 | 100.2 | 46,000 | 98.8 | 11,772 | 11,102 | 94.3 | 24.1 |
| 客単価(円) | 実績・成行計画 | 2,554 | 2,694 | 105.5 | 2,717 | 100.9 | 2,870 | 3,135 | 109.2 | 115.4 |
| 営業日数 | 実績・成行計画 | 307 | 303 | 98.7 | 304 | 100.3 | 78 | 78 | 100.0 | 25.7 |
| 1日あたり客数 | 実績・成行計画 | 151 | 154 | 102.0 | 151 | 98.1 | 151 | 142 | 94.0 | 94.0 |
| 買上点数(店舗合計)(点) | 実績・成行計画 | 267,235 | 268,704 | 100.5 | 267,000 | 99.4 | 69,561 | 66,288 | 95.3 | 24.8 |
| 買上点数(1人当たり)(点) | 実績・成行計画 | 5.75 | 5.77 | 100.3 | 5.80 | 100.5 | 5.91 | 5.97 | 101.0 | 102.9 |
| 供給金額 | 実績・成行計画 | 118,616 | 125,354 | 105.7 | 125,000 | 99.7 | 33,764 | 34,800 | 103.1 | 27.8 |
| 一品単価(円) | 実績・成行計画 | 444 | 466 | 105.0 | 468 | 100.4 | 471 | 525 | 111.5 | 112.2 |
| 葬儀件数(件) | 実績・成行計画 | 48 | 39 | 81.3 | 40 | 102.6 | 12 | 12 | 100.0 | 30.0 |
| 葬儀供給 | 実績・成行計画 | 86,540 | 57,102 | 66.0 | 65,000 | 113.8 | 17,795 | 17,603 | 98.9 | 27.1 |
| 店舗部門 供給原価 | 実績・成行計画 | 172,400 | 154,415 | 89.6 | 157,700 | 102.1 | 43,312 | 43,977 | 101.5 | 27.9 |
| 供給高 | 実績・成行計画 | 205,066 | 182,596 | 89.0 | 190,000 | 104.1 | 51,582 | 52,422 | 101.6 | 27.6 |
| 粗利益 | 実績・成行計画 | 32,666 | 28,181 | 86.3 | 32,300 | 114.6 | 8,270 | 8,445 | 102.1 | 26.1 |
| 粗利益率 | 実績・成行計画 | 15.93% | 15.43% | 96.9 | 17.00% | 110.1 | 16.03% | 16.11% | 100.5 | 94.8 |

| 第1四半期モニタリング結果 | <課題> 粗利益高の確保。葬儀単価の減少。小規模葬儀のPR不足。客数の減少。 | <対応策> ロスの管理徹底。プレミアム商品券発行に併せた、特典付き |
|---|---|---|

参考資料

# 8．内部統制における全般統制評価項目

全社的な内部統制の評価項目

| 評価項目 | | 備考 |
|---|---|---|
| 大項目 | 小項目 | |

**Ⅰ　統制環境**

**【解説】**（「財務報告に係る内部統制の評価及び監査の基準」より抜粋）

　統制環境とは、組織の気風を決定し、組織内のすべての者の統制に対する意識に影響を与えるとともに、他の基本的要素の基礎をなし、リスクの評価と対応、統制活動、情報と伝達、モニタリング及びITへの対応に影響を及ぼす基盤をいう。
　（注）財務報告の信頼性に関しては、例えば、利益計上など財務報告に対する姿勢がどのようになっているか。また、取締役会及び監査役又は監査委員会が財務報告プロセスの合理性や内部統制システムの有効性に関して適切な監視を行っているか、さらに、財務報告プロセスや内部統制システムに関する組織的、人的構成がどのようになっているかが挙げられる。

| | 大項目 | | 小項目 | 備考 |
|---|---|---|---|---|
| 1 | 経営者は、信頼性のある財務報告を重視し、財務報告にかかる内部統制の役割を含め、財務報告の基本方針を明確に示しているか。 | 1-1 | ■経営者は、信頼性のある財務報告を重視する姿勢を反映した内部統制に関する基本方針を策定し、理事会等で決議しているか。 | |
| | | 1-2 | ■経営者は、経理規程、決算事務細則、連結決算事務細則など財務報告の基礎となる規程を整備しているか。 | |
| | | 1-3 | ■経営者は、ディスクロージャー誌などにおいて信頼性のある財務報告を重視する姿勢を実際に示しているか。 | |
| | | 1-4 | ■内部統制基本方針等は、役職員に周知・理解されているか。 | |
| | | 1-5 | ■経理規程、決算事務細則、連結決算事務細則など財務報告の基礎となる規程類は、適切な範囲で役職員に周知・理解されているか。 | |
| 2 | 適切な経営理念や倫理規程に基づき、会社内の制度が設計・運用され、原則を逸脱した行動が発見された場合には、適切に是正が行われるようになっているか。 | 2-1 | ■信頼性のある財務報告の作成につながる適切な経営理念等を表明しているか。 | |
| | | 2-2 | ■信頼性のある財務報告の作成につながる適切な倫理規程・行動規範を整備しているか。 | |
| | | 2-3 | ■不正・違反・逸脱行為に適切に対応するため、コンプライアンス等に関係する規程等を定めるとともに、コンプライアンス委員会等の組織を設置しているか。 | |
| | | 2-4 | ■不正・違反・逸脱行為は、就業規程等に基づく処置および経営者への報告が適時・適切に行われることになっているか。 | |
| | | 2-5 | ■経営理念、倫理規程、行動規範や就業規程等は、研修等により職員に周知・理解されているか。 | |
| | | 2-6 | ■コンプライアンス委員会は適切な頻度で開催しているか。 | |
| 3 | 経営者は、適切な会計処理の原則を選択し、会計上の見積り等を決定する際の客観的な実施過程を保持しているか。 | 3-1 | ■経理規程、決算事務細則など財務諸表に関する方針を明確に定めているか。 | |
| | | 3-2 | ■適用方法に幅のある会計処理については、選択している適用基準が明確となるよう規程類を整備しているか。 | |
| | | 3-3 | ■会計方針を頻繁に変更していないか。会計方針の変更がある場合は、理事会等で協議しているか。 | |
| | | 3-4 | ■経営者は、外部監査人や内部監査部署から定期的に財務報告およびその内部統制に対する監査結果の報告を受け、必要な対応を行っているか。 | |
| | | 3-5 | ■経営者は、決算担当部署の責任者から重要な項目、通常ない取引きの会計処理の内容、業績の概況も含めて財務諸表案の報告を受け、これを査閲・承認しているか。 | |
| 4 | 理事会等および監事は、財務報告とその内部統制に関して経営者を適切に監督・監視する責任を理解し、実行しているか。 | 4-1 | ■財務報告およびその内部統制の決定は、理事会および経営管理委員会において行うこととなっているか。 | |
| | | 4-2 | ■監事は、理事が適切な内部管理態勢を整備し、適切に運用しているかを監視・検証する観点から監査すべき事項を特定し、監査計画等を策定しているか。特に、監査計画の策定等に当たっては財務報告とのかかわりを重視しているか。 | |
| | | 4-3 | ■財務報告およびその内部統制に関する理事会等を定期的に開催しているか。 | |
| | | 4-4 | ■理事会、経営管理委員会および監事は、適時に財務報告およびその内部統制上の不備または重要な不備の有無について検討をしているか。 | |

| 評価項目 | | 備考 |
|---|---|---|
| 大項目 | 小項目 | |

| | 大項目 | | 小項目 | 備考 |
|---|---|---|---|---|
| 5 | 監事は内部監査部署および外部監査人と適切な連携を図っているか。 | 5-1 | ■監事は、財務報告およびその内部統制について、外部監査人および内部監査部署と適時かつ適切な情報交換を図っているか。 | |

195

| | | | |
|---|---|---|---|
| | | 5-2 | ■監事は、内部監査部署から財務報告およびその内部統制上の重要な不備に関する情報を含む内部監査結果の報告を定期的に受けているか。また、改善事項を経営者に提言しているか。 | |
| | | 5-3 | ■監事は、財務報告およびその内部統制に対する外部監査について、外部監査人から結果の報告を受けているか。 | |
| 6 | 経営者は、問題があっても指摘しにくい等の組織構造や慣行があると認められる事実が存在する場合に、適切な改善を図っているか。 | 6-1 | ■財務報告およびその内部統制が機能するように組織体制を整備しているか。 | |
| | | 6-2 | ■経営者は、状況の変化に応じて組織体制を見直しているか。 | |
| 7 | 経営者は、会内の各部門・部署に対して、適切な役割分担を定めているか。 | 7-1 | ■信頼性のある財務報告を作成する体制と部門単位の組織体制との関係が明確に定められているか。 | |
| | | 7-2 | ■役職員が信頼性のある財務報告を作成する体制について理解できるよう整備しているか。 | |
| | | 7-3 | ■職務分離（フロント・バック等）は適切であるか。 | |
| 8 | 経営者は、信頼性のある財務報告の作成を支えるのに必要な能力を識別し、所要の能力を有する人材を確保・配置しているか。 | 8-1 | ■職責や業務の特性に応じて適性を備えた人員を配置し、必要な研修等を受けさせているか。 | |
| | | 8-2 | ■経理、財務報告の作成にかかわる管理・監督者の業務知識や経験は十分か。 | |
| 9 | 信頼性のある財務報告の作成に必要とされる能力の内容は、定期的に見直され、常に適切なものとなっているか。 | 9-1 | ■経営者は、財務報告に関連する部署に対して、財務報告の専門知識と経験を有する人材を業務量に応じて配置しているか。 | |
| | | 9-2 | ■経営者は、会計基準の制定・改訂等に伴う会計処理の複雑化等に対応するため、決算担当部署および内部監査部署の専門知識の向上等に配慮しているか。 | |
| 10 | 責任の割当てと権限の委任を役職員等に対して明確にしているか。 | 10-1 | ■各階層の責任と権限を明確に定めているか。 | |
| | | 10-2 | ■各階層の責任と権限は、役職員に周知・理解されているか。 | |
| | | 10-3 | ■業務分掌規程等は、経営者により権限を与えられた部署において制定・改廃を行っているか。 | |
| 11 | 役職員等に対する権限と責任の委任は、無制限ではなく、適切な範囲に限定しているか。 | 11-1 | ■責任と権限は、無制限に委任することなく、かつ特定の職員・部署に集中することがないように構築・整備されているか。 | |
| | | 11-2 | ■職員等に委ねるべき業務範囲については、経営環境の変化等に応じて見直しているか。 | |
| 12 | 経営者は、役職員等に職務の遂行に必要となる手段や訓練等を提供し、役職員等の能力を引き出すことを支援しているか。 | 12-1 | ■経営者は、信頼性のある財務報告に必要な知識・技能の習得・向上を図るため、研修計画等を整備しているか。 | |
| | | 12-2 | ■研修計画等は、職員に周知しているか。 | |
| | | 12-3 | ■研修計画等を実行し、必要な場合は必須とするなど、対象となる職員の多くを研修に参加させているか。 | |
| | | 12-4 | ■内部監査部署は、研修計画の実行状況・職員の参加状況を把握するとともに、職務の遂行に必要な資格の取得、研修の受講について定期的に監査し、経営者に報告しているか。 | |
| 13 | 役職員等の勤務評価は、公平で適切なものとなっているか。 | 13-1 | ■人事考課は、倫理的行動に対する評価も含む広範な観点から行っているか。 | |
| | | 13-2 | ■人事考課の結果は、被評価者にフィードバックされることとなっているか。 | |

| 評価項目 | | | 備考 |
|---|---|---|---|
| 大項目 | | 小項目 | |
| II リスクの評価と対応 | | | |
| 【解説】（「財務報告に係る内部統制の評価及び監査の基準」より抜粋）<br>　リスクの評価と対応とは、組織目標の達成に影響を与える事象について、組織目標の達成を阻害する要因をリスクとして識別、分析及び評価し、当該リスクへの適切な対応を行う一連のプロセスをいう。<br>（注）財務報告の信頼性に関しては、例えば、新製品の開発、新規事業の立ち上げ、主力製品の製造販売等に伴って生ずるリスクは、組織目標の達成を阻害するリスクのうち、基本的には、業務の有効性及び効率性に関連するものではあるが、会計上の見積り及び予測等、結果として、財務報告上の数値に直接的な影響を及ぼす場合が多い。したがって、これらのリスクが財務報告の信頼性に及ぼす影響等を適切に識別、分析及び評価し、必要な対応を選択していくことが重要となる。 | | | |
| 14 信頼性のある財務報告の作成のため、適切な階層の経営者、管理者を関与させる有効なリスク評価の仕組みが存在しているか。 | 14-1 | ■リスクの「識別、分類、分析、評価、対応」について、必要十分な専門性と権限を持った者を関与させるルールとなっているか。 | |
| | 14-2 | ■経営者および理事会等は、リスクの範囲を特定し、リスクを発見・防止するための統制活動を導入しているか。 | |
| | 14-3 | ■経営者および理事会等は、リスク管理を軽視することが収益に重大な影響を与えることを十分に認識し、収益のみならずリスク管理も重視しているか。 | |
| | 14-4 | ■リスク評価の実務において、必要な階層の管理者が関与しているか。 | |
| 15 リスクを識別する作業において、当会の内外の諸要因および当該要因が信頼性のある財務報告の作成に及ぼす影響を適切に考慮しているか。 | 15-1 | ■理事会等は、財務報告に関連するリスクの報告を受け、モニタリングする仕組みとなっているか。 | |
| | 15-2 | ■リスク管理等においては、環境変化の予測・識別を行う部署または体制があるか。 | |
| | 15-3 | ■理事会等は、統合的リスク管理に関する方針を定めて組織全体に周知しているか。 | |
| | 15-4 | ■決算担当部署は、会計処理に影響する環境変化等を適時に収集するプロセスを有している。また、環境変化があった場合は、会計処理にどのような影響を及ぼすかを協議し、対応を決定する体制ができているか。 | |
| 16 経営者は、組織の変更やITの開発など、信頼性のある財務報告の作成に重要な影響を及ぼす可能性のある変化が発生する都度、リスクを再評価する仕組みを設定し、適切な対応を図っているか。 | 16-1 | ■財務報告に関連する組織の変更など事業上の重要な変更事項について、リスク管理の観点から検討する仕組みを構築しているか。 | |
| | 16-2 | ■目標の達成に影響を及ぼす事象や業務活動については、リスク管理部門でその影響等を認識するとともに理事会等に報告し、理事会等では適切に検討を行っているか。 | |
| 17 経営者は、不正に関するリスクを検討する際に、単に不正に関する表面的な事実だけでなく、不正を犯させるに至る動機、原因、背景等を踏まえ、適切にリスクを評価し、対応しているか。 | 17-1 | ■不正事故が発生した場合には、具体的な動機、原因、背景等の検討を行う仕組みとなっているか。 | |
| | 17-2 | ■不正事故が発生した場合には、具体的な動機等を検討する仕組みが実際に運用されているか。 | |
| III 統制活動 | | | |
| 【解説】（「財務報告に係る内部統制の評価及び監査の基準」より抜粋）<br>　統制活動とは、経営者の命令及び指示が適切に実行されることを確保するために定める方針及び手続きをいう。<br>（注）財務報告の信頼性に関しては、財務報告の内容に影響を及ぼす可能性のある方針及び手続が、経営者の意向どおりに実行されていることを確保すべく、例えば、明確な職務の分掌、内部牽制、並びに継続記録の維持及び適時の実地検査等の物理的な資産管理の活動を整備し、これを組織内の各レベルで適切に分析及び監視していくことが重要になる。 | | | |
| 18 信頼性のある財務報告の作成に対するリスクに対処して、これを十分に軽減する統制活動を確保するための方針と手続を定めているか。 | 18-1 | ■理事会等は、内部統制基本方針をはじめとする規程等の手続を決定しているか。重要な変更がある場合は、協議することとなっているか。 | |
| | 18-2 | ■現在採用している規程等は、現状の業務活動に照らし合わせて適切に制定・改廃する仕組みとなっているか。 | |
| 19 経営者は、信頼性のある財務報告の作成に関し、職務の分掌を明確化し、権限や職責を担当者に適切に分担させているか。 | 19-1 | ■財務報告の作成に関する各階層の権限と責任など職務の分掌を規程等に明確に定めているか。 | |
| | 19-2 | ■財務報告の作成に関する各階層の権限と責任など職務の分掌を規程等に基づき実践しているか。 | |
| 20 統制活動にかかる責任と説明義務をリスクが存在する業務単位の管理者または業務プロセス単位の管理者に適切に帰属させているか。 | 20-1 | ■リスクが存在する業務単位の管理者または業務プロセス単位の管理者に、そのリスクを低減する統制活動の管理責任が帰属する仕組みとなっているか。 | |
| | 20-2 | ■リスクの存在する業務単位の管理者または業務プロセス単位の管理者が、そのリスクを低減する統制活動を規程等に基づき適切に実践しているか。 | |

| | 評価項目 | | 備考 |
|---|---|---|---|
| | 大項目 | 小項目 | |
| 21 | 全社的な職務規程や、個々の業務手順を適切に作成しているか。 | 21-1 | ■業務分掌規程や職務権限規程等が標準的かつ統一的な形で存在するか。特に、財務報告に関する手続は、個々の部門で適切に整備しているか。 | |
| | | 21-2 | ■業務分掌規程や職務権限規程、その他各業務の手続等は、適切な承認を経て制定・改廃を行い、関連部門に周知徹底しているか。 | |
| 22 | 統制活動を業務全体にわたって誠実に実施しているか。 | 22-1 | ■経営者は、統制活動が適切に行われているかを把握し、確保する仕組みを整備しているか。 | |
| | | 22-2 | ■統制活動の適切性を確保する仕組みは、適切に運用しているか。 | |
| 23 | 統制活動を実施することにより検出した誤謬等に適切に調査し、必要な対応を取っているか。 | 23-1 | ■統制活動の実施により判明した誤謬・不正は、原因を分析のうえ、必要に応じて、業務プロセスの改善や統制活動の再整備など再発防止策を講じる仕組みを適切に整備しているか。 | |
| | | 23-2 | ■誤謬等に対する原因分析、再発防止策の設定等を実際に行っているか。 | |
| 24 | 統制活動は、その実行状況を踏まえて、その妥当性を定期的に検証し、必要な改善を行っているか。 | 24-1 | ■現在採用している規程等は、現状の業務活動に照らし合わせて適切に制定・改廃する仕組みとなっているか。 | |
| | | 24-2 | ■手続は、現在の業務活動に照らし合わせて有効でない場合、整備・見直しを行うこととしているか。 | |
| | | 24-3 | ■理事会等は、内部監査部署からの定期的なリスク評価・監査結果をレビューし、識別された重大なリスクを低減するための統制活動を検討しているか。 | |

**IV　情報と伝達**

【解説】（「財務報告に係る内部統制の評価及び監査の基準」より抜粋）
　情報と伝達とは必要な情報が識別・把握および処理され組織内外及び関係者相互に正しく伝えられることを確保することをいう。
　（注）財務報告の信頼性に関しては、例えば情報について財務報告の中核をなす会計情報につき、経済活動を適切に、認識、測定し、会計処理するための一連の会計システムを構築することであり、また伝達について、かかる会計情報を適時かつ適切に組織内外の関係者に報告するシステムを確保することがあげられる。

| | 評価項目 | | 備考 |
|---|---|---|---|
| 25 | 信頼性のある財務報告の作成に関する経営者の方針や指示が、会内の役職員、特に財務報告の作成に関連する役職員に適切に伝達される体制を整備しているか。 | 25-1 | ■財務報告に重大な影響を与える事象が発生した場合等の情報伝達経路を確立しているか。 | |
| | | 25-2 | ■権限や規程の変更など重要情報を会内全体に迅速に伝達できる体制やインフラがあるか。 | |
| | | 25-3 | ■権限体系や規程は、適切にアップデートしているか。 | |
| 26 | 会計および財務に関する情報が、関連する業務プロセスから適切に情報システムに伝達され、適切に利用可能となるような体制を整備しているか。 | 26-1 | ■会計および財務に関する情報は、業務プロセス側から会計システムに漏れなく伝達され、会計情報として適時かつ利用できる体制となっているよう整備されているか。 | |
| | | 26-2 | ■会計および財務に関する情報は、適時に必要な関係者が配信・取出し可能な状況になっているか。 | |
| 27 | 内部統制に関する重要な情報が円滑に経営者および組織内の適切な管理者に伝達される体制を整備しているか。 | 27-1 | ■内部統制の不備に関する重要な情報は、適切に経営者および会内の適切な管理者に報告・連絡・相談する体制となっているか。 | |
| | | 27-2 | ■内部統制の不備に関する重要な情報は、実際にルールどおり報告・連絡・相談を行っているか。 | |
| 28 | 経営者、理事会、監事等の間で、情報を適切に伝達・共有しているか。 | 28-1 | ■理事会は、理事会運営規程に基づき所定の時期に開催され、協議および報告が適切に行われているか。 | |
| | | 28-2 | ■監事は理事会に出席し、理事の職務執行状況について的確に把握しているか。 | |
| 29 | 内部通報の仕組みなど、通常の報告経路から独立した伝達経路を利用できるように設定しているか。 | 29-1 | ■内部通報制度など通常の業務報告経路から独立した伝達経路があるか。 | |
| | | 29-2 | ■内部通報制度には、内部通報者が不当な扱いを受けないための措置を盛り込んでいるか。 | |
| | | 29-3 | ■内部通報制度により報告された事項については、適切に対応しているか。 | |
| | | 29-4 | ■内部通報制度等の存在、趣旨、利用方法等については、職員に周知しているか。 | |

| 評価項目 | | |  |
|---|---|---|---|
| 大項目 | 小項目 | | 備考 |
| 30 内部統制に関する当会外部からの情報を適切に利用し、経営者、理事会、監事等に適切に伝達する仕組みとなっているか。 | 30-1 | ■会員、取引先から寄せられる苦情など内部統制の逸脱や不備に関する情報があった場合は、経営者、理事会、監事に報告される仕組みがあるか。 | |
| | 30-2 | ■会員、取引先から寄せられる苦情など内部統制の逸脱や不備に関する情報があった場合は、実際にルールどおり経営者、理事会、監事に報告しているか。 | |

**V　モニタリング**

【解説】　（「財務報告に係る内部統制の評価及び監査の基準」より抜粋）
　モニタリングとは、内部統制が有効に機能していることを継続的に評価するプロセスをいう。
　(注) 財務報告の信頼性に関しては例えば日常的なモニタリングとして、各業務部門において帳簿記録と実際の製造・在庫ないし販売数量等との照合を行うことや定期的に実施する棚卸手続において在庫の残高の正確性及び網羅性を関連業務担当者が監視することなどが挙げられる。また、独立的評価としては、企業内での監視機関である内部監査部門および監査役ないし監査委員会等が、財務報告の一部ないし全体の信頼性を検証するために行う会計監査などが挙げられる。

| 評価項目 | | | 備考 |
|---|---|---|---|
| 31 日常的モニタリングを当会の業務活動に適切に組み込んでいるか。 | 31-1 | ■規定等の手続において管理者による日常業務のチェックを規定するなど、事務を的確に処理するための体制を整備しているか。 | |
| | 31-2 | ■自己検査を適切に行い、適切に実務の改善・整備を行っているか。 | |
| | 31-3 | ■連続職場離脱要領等に基づき、適切に職場離脱が行われているか。 | |
| 32 経営者は、独立的評価の範囲と頻度をリスクの重要性、内部統制の重要性および日常的モニタリングの有効性に応じて適切に調整しているか。 | 32-1 | ■内部監査部署は、機構上独立性が保たれ、被監査部署等から不当な制約なく監査業務を実施しているか。 | |
| | 32-2 | ■内部監査部署による内部監査は、内部監査方針、内部監査実施計画に基づき、被監査部署に対して頻度および深度等に配慮した効率的かつ実効性のあるものか。 | |
| | 32-3 | ■監事は、監事監査規程等に基づき適切な範囲で監査を実施しているか。 | |
| 33 モニタリングの実施責任者には、業務遂行を行うに足る十分な知識や能力を有する者を指名しているか。 | 33-1 | ■内部監査部署に必要な知識・経験および当該業務等を十分検証できる専門性を有する人員を適切な規模で配置しているか。 | |
| | 33-2 | ■内部監査部署の職員の専門性を高めるため、内外の研修を活用するなどの方策を講じているか。 | |
| 34 経営者は、モニタリングの結果を適時に受領し、適切な検討を行っているか。 | 34-1 | ■内部監査部署は、内部監査の結果を内部監査報告書に遅滞なく取りまとめ、経営者に報告しているか。 | |
| | 34-2 | ■被監査部署は、内部監査報告書等で指摘された問題点について、その重要度合い等を勘案したうえで遅滞なく改善しているか。 | |
| | 34-3 | ■内部監査部署は、被監査部署の改善状況を適切に管理し、その後の内部監査計画に反映させているか。 | |
| | 34-4 | ■理事会は、内部監査の結果を受け、経営に重大な問題を与えると認められる問題点、被監査部署のみで対応できないと認められる問題点等について適切な措置を講じているか。 | |
| 35 当会の内外から伝達された内部統制に関する重要な情報は適切に検討し、必要な是正措置を取っているか。 | 35-1 | ■内部通報制度による通報や外部からの情報については、理事会において必要な是正措置を実施するような仕組みを整備しているか。 | |
| | 35-2 | ■内部通報制度による通報や外部からの情報については、必要な是正措置を実施する仕組みが実際に実施されているか。 | |
| 36 モニタリングによって得られた内部統制の不備に関する情報は、当該実施過程にかかる上位の管理者ならびに当該実施過程および関連する内部統制を管理し、是正措置を実施すべき地位にある者に適切に報告しているか。 | 36-1 | ■信頼性のある財務報告等の不正につながりかねない内部統制上の不備は、必要な是正措置をとり得る立場の責任者に報告される仕組みを整備しているか。 | |
| | 36-2 | ■責任者は、内部統制上の不備があった場合、適切に是正措置を実施し、改善に取り組んでいるか。 | |
| 37 内部統制にかかる重要な不備等に関する情報は、経営者、理事会、監事等に適切に伝達しているか。 | 37-1 | ■内部統制に重要な不備等があった場合、その情報を経営者に適時に報告し、是正措置を講じる仕組みを整備しているか。 | |
| | 37-2 | ■内部統制に重要な不備等があった場合、その情報を経営者に適時に報告し、是正措置を実施して改善を行っているか。 | |

| 評価項目 | | 備考 |
|---|---|---|
| 大項目 | 小項目 | |

**VI　ITへの対応**

【解説】（「財務報告に係る内部統制の評価及び監査の基準」より抜粋）
　ITへの対応とは、組織目標を達成するためにあらかじめ適切な方針及び手続を定め、それを踏まえて業務の実施において組織の内外のITに対し適切に対応することをいう。
　（注）財務報告の信頼性に関しては、ITを度外視しては考えることのできない今日の企業環境を前提に、財務報告プロセスに重要な影響を及ぼすIT環境への対応および財務報告プロセス自体に組み込まれたITの利用及び統制を適切に考慮し、財務報告の信頼性を担保するために必要な内部統制の基本的要素を整備することが必要になる。例えば統制活動について企業内全体にわたる情報処理システムが財務報告に係るデータを適切に収集し処理するプロセスとなっていることを確保すること、あるいは各業務領域において利用されるコンピュータ等のデータが適切に収集、処理され財務報告に反映されるプロセスとなっていることを確保すること等があげられる。

| 大項目 | 小項目 | 備考 |
|---|---|---|
| 38　経営者は、ITに関する適切な戦略、計画等を定めているか。 | 38-1　■ITに関する大規模なシステム移行等がある場合、移行計画等を理事会等で承認しているか。 | |
| | 38-2　■大規模なシステム移行等がある場合、プロジェクトチームなど体制を整備し、適切な管理監督のもとで実施しているか。 | |
| 39　経営者は、内部統制を整備する際に、IT環境を適切に理解し、これを踏まえた方針を明確に示しているか。 | 39-1　■経営者は、ITについて十分な関心を持ち、IT環境を適切に理解し、ITへの対応を検討しているか。 | |
| | 39-2　■ITの組織体制、ネットワーク構成、アウトソーシングの状況等IT環境を把握するための仕組みが存在するか。 | |
| 40　経営者は、信頼性のある財務報告の作成という目的の達成に対するリスクを低減するため、手作業およびITを用いた統制の利用領域について、適切に判断しているか。 | 40-1　■経営者は、ITを利用した統制機能を活用することで適時エラーを把握することができるようにするなど、財務報告に関するリスクの低減という視点からITの有効活用等を検討しているか。 | |
| | 40-2　■情報システムの開発にかかるプロジェクトなど個別案件の進捗状況については、経営者に報告を行っているか。 | |
| 41　ITを用いて統制活動を整備する際には、ITを利用することにより生じる新たなリスクを考慮しているか。 | 41-1　■ITの利用に関する組織構造が明確になっており、情報セキュリティ管理に関する役割と責任が明確になっているか。 | |
| | 41-2　■重要なデータファイル、プログラムの破損・障害等に備えてバックアップを取得し、管理しているか。 | |
| | 41-3　■災害時に備えたコンティンジェンシープランを整備しているか。 | |
| | 41-4　■ITを利用した統制機能を活用することで適時エラーを把握することができるようにするなど、財務報告に関するリスクを低減しているか。 | |
| 42　経営者は、ITにかかる全般統制およびITにかかる業務処理統制についての方針および手続を適切に定めているか。 | 42-1　■ITにかかる業務処理統制が有効に機能する環境にあることや、承認された業務がすべて正確に処理・記録されることを確保するためのITにかかる統一的な方針や規程等を整備しているか。 | |
| | 42-2　■ITにかかる業務処理統制が有効に機能する環境にあることや、承認された業務がすべて正確に処理、記録されることを確保するためのITにかかる統一的な方針や規程にかかる内容や範囲の十分性は、必要に応じて検証・検討しているか。 | |

以上

## 9．内部統制構築に向けた取組計画

### 平成 29 年度 内部統制の取組計画

**1．目的**

　業務（事務手続き）の統一化やリスクコントロール態勢の構築を図り、その適正な運用により「財務諸表の信頼性」を確保することを目的とし、組織の健全な経営のための仕組みを定着させる。

**2．整備対象範囲**

　内部統制の整備対象範囲としては、重要な虚偽表示が生じる可能性が高い項目（財務諸表に与える影響が高い項目）について整備を進める。

　その判断基準として、当組合の損益科目から、『税引前当期利益（直近3か年　平成25年～平成27年の平均）の5％を超える』勘定科目を抽出し、それに関連する資産・負債科目の業務を整備対象として、経済事業部門から優先的に進める（詳細は別紙のとおり）。

　なお、抽出した勘定科目について、複数事業が計上している場合、勘定科目の残高の概ね2／3程度の取扱高を占める事業を選定し、その業務の文書化を優先的に進める。

**3．体制**

　内部統制に関しては、態勢が整備出来たら完了ではない。毎年度、見直しを図り、実務実態との整合性や職員への理解深耕に継続的に取組んでいかなければならない。

　内部統制の定着化を図るために、作成（P）→運用（定着）（D）→評価（C）→改善（A）による一連の循環サイクルをもって対応する。

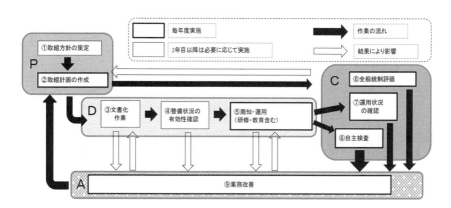

## ● 作成する文書の種類
### ◆ 業務フロー図
　　業務フロー図は、業務全体の流れを把握し、リスクおよびコントロール（けん制）の所在を確認するために作成する。そのため、日常業務の中で実施されている「確認」、「承認」といった"けん制"に該当する処理を中心に作成し、「誰が」「どの順序で」「何に基づき（入手情報、判断基準、使用帳票等）」処理を行っているのかを可視化する。

### ◆ 業務手順書（業務記述書）
　　業務フロー図で表した業務手順の詳細を、表形式で記述したもので、「手続きの内容」と併せ、リスクとコントロール（けん制）を業務手順の流れに対応させて記載する。

## ４．作成手順
　　「業務手順書」および「業務フロー図」の作成については、ワーキングチームでワーキングシート（206頁参照）を作成し、リスク管理課の作成担当がシステムへのデータ入力をする形で進めていく。

　　また、通常業務を抱えながらによる負担増加、態勢整備完了までの時間的制約を考慮し、各作業段階における共通認識や必要な労力、作成時間を確保するために、作業前にワーキングチームと事務局と打合せを行い情報共有を密にしつつ、スケジュールを前倒しするイメージで進めていく。

### 【基本的な進め方】

| 優先 | 部門 | 進め方 |
|---|---|---|
| 1 | 経済部門 | 　中央会が例示する「業務手順書」を基に、当組合の事務実態に合わせて加除修正する。<br>　加除修正後の「業務手順書」を基に、「業務フロー図」を作成する。 |
| 2 | 信用・共済部門 | 　県連の例示（信連：平成29年6月頃、共済連：平成29年7月頃）と先進ＪＡの内部統制文書を参考に当組合の実務実態に合わせて加除修正する。 |
| 3 | 決算関係 | 　先進ＪＡの内部統制文書を参考に当組合の実務実態に合わせて加除修正する。 |

参考資料

## 10. ３ステップによる内部統制構築例

### ① 「業務フロー図」・「業務手順書」の完成
### ＜ステップ１＞（１週間）
#### ● 業務の洗い出し

　ワーキングチームにおいて、財務諸表に与える影響が高い（税引前当期利益の５％を超える）勘定科目を使用する業務を洗い出す。

　業務を洗い出し後、作成担当者等を含め、今後の共通認識を図るべく打合せを行う（以降、次のステップに進む際には、打合わせを行ってから作業に入ることとする）。

【イメージ：農機購買】

| 事業 | ステップ１ | | ステップ２ | |
|---|---|---|---|---|
| | 勘定科目 | 業務 | プロセス | プロセスの内容 |
| 農機購買 | 購買品受入高 | 受入業務 | | |
| | 購買品供給高 | 供給業務 | | |
| | 繰越購買品 | 棚卸業務 | | |
| | 購買未収金 | 未収金管理業務 | | |

### ＜ステップ２＞（３週間）
#### ● プロセスの洗い出しと内容の把握

　ステップ１で認識した業務について、連合会例示を参考にプロセス（流れ）を洗い出す。その後、各プロセス（流れ）の内容を把握する。プロセスの内容については、誰が、何を、どうして、どうするのか、（5W1H）を明確する。

【イメージ：農機購買】

| 事業 | ステップ１ | | ステップ２ | |
|---|---|---|---|---|
| | 勘定科目 | 業務 | プロセス | プロセスの内容 |
| 農機購買 | 購買品受入高 | 受入業務 | マスタ登録 | 誰が、何を、どうして、どうするのか、（5W1H）を明確にしつつ、各プロセスの業務内容を記入する。 |
| | | | 発注 | |
| | | | 受入 | |
| | | | 伝票入力 | |
| | 購買品供給高 | 供給業務 | | |
| | 繰越購買品 | 棚卸業務 | | |
| | 購買未収金 | 未収金管理業務 | | |
| | | | | |
| | | | | |
| | | | | |

203

## ＜ステップ３＞（３週間）
● 内在するリスクとそれに対するコントロールの洗い出し
　ステップ２において認識した各プロセスの内容を基に、そこに内在するリスクとそれに対するコントロール（けん制行為）を把握する。

【イメージ：農機購買】

| 事業 | ステップ２ | | ステップ３ | |
|---|---|---|---|---|
| | プロセス | プロセスの内容 | リスク | コントロール |
| 農機購買 | マスタ登録<br>発注<br>受入<br>伝票入力 | 誰が、何を、どうして、どうするのか、（5W1H）を明確にしつつ、各プロセスの内容を記入する。 | 各プロセスに、内在するリスクとそれに対するけん制行為を誰が、何を、どうして、どのようにけん制しているのか、（5W1H）を明確に記入する。 | |

## ＜ステップ４＞（３週間）
● 作成担当者によるデータ入力（業務フロー図、業務手順書への反映）
　各ステップにおいて、把握した情報を基に、システム入力等を行い、「業務フロー図」、「業務手順書」を完成させる。

※ 公認会計士は、農協の業務に精通しているとは限らない。そのため、「業務フロー図」や「業務手順書」を見て、農協の業務を理解する。
　すなわち、公認会計士が、「業務フロー図」、「業務手順書」を見て、農協の業務が理解できる程度の内容にしなければならない。

② 事務手続き、マニュアル等の整備と内部統制の有効性の検証
　事務手続き、マニュアル等が未整備の場合は、業務手順書を基に作成する。
　また、実際の業務と照らし合せて、業務手順書との乖離がないか、リスクの抽出漏れやコントロール（けん制行為）が有効に機能するか等を確認する。

③ 周知徹底
　所属長をはじめとする業務担当者に対し、内部統制の目的等や重要性、内在するリスクとそれに対するコントロールなど、業務手順書、業務フロー図の内容を理解周知させる。

④ 運用・検証

　　整備した業務手順書、業務フロー図に基づいて業務を行う。

　　運用状況について、各事業所では、『自主検査』、内部監査部署は、『内部監査』で、"部門担当責任者"とリスク管理課は『巡回点検』で確認・検証する。

⑤ 修正、改善等

　　『自主検査』、『内部監査』、『巡回点検』等において発見した不備、改善事項については、実務実態上の問題点を把握して、"部門担当責任者"の指導の下、リスク管理課にて修正するとともに、態勢の整備等に繋げる。


以　　上

# 内部統制整備（ワーキングシート）

部門担当責任者：

（例）

| 事業名 | ステップ1 | | ステップ2 | | | ステップ3 | | |
|---|---|---|---|---|---|---|---|---|
| | 使用勘定科目 | 業務 | プロセス | 業務内容 | 証跡書類 | リスク | コントロール | 規程等 |
| 購買事業 | 購買受入高 | 農機購買（受入） | 発注 | 購買担当者は、注文品および在庫状況に応じ、系統・系統外業者へ発注依頼書により発注を行う。 | ・発注依頼書 | ①過度な発注により過剰在庫となるリスク。 | ①月初めに電算書より出力された系統・系統外受入一覧表により発注を検証する。 | |
| | | | 受入 | 業者から持ち込み、または運送業者から受入品が到着する。担当者は立会いの上、受入品目・数量の確認を行う。 | ・受入伝票 | ②受入品が相違しているリスク。 | ②到着した受入品と納入業者が持参している受入伝票と相違がないか確認する。納品受領書と伝票および納品受領書に受領印のサインを受入伝票に記入し、取引先に発行する。 | |
| | | | 受入伝票への追記 | 購買担当者は、受入伝票に品名コード・売価単価等を記入する。 | ・受入伝票 | ③受入伝票への記入を誤るリスク。 | | |
| | | | 受入伝票入力 | 受入伝票に基づき、取引先コード、品名コード、数量、単価等について購買システムへ受入伝票入力を行う。製品については本発注管理簿へ入力する。 | ・受入伝票 ・受発注管理簿 | ③受入伝票の記載内容と異なった内容を入力するリスク。 | ③受入伝票からシステムへ入力された受入入力の記載を確認する。入力誤りがないか確認する。返品等でマイナス入力については受入明細一覧表へ返品の理由を記す。 | |
| | | | 伝票送付 | 当日分の受入伝票と受入明細一覧表を農業機械センターへ送付し、控えを農機センターで保管する。 | ・受入伝票 ・受入明細一覧表 | | ④検査者は、受入伝票の記載事項、入力結果を検証する。また、受入日から入力日が20日以上の受入伝票には理由を記す。また、返品等でマイナス入力については記載事項を確認し、押印する。三次システム業務検証（証跡数量、購買物流） | |
| | | | 受付・見積作成 | | | | | |
| | | | 受注 | | | | | |
| | | | 発注 | | | | | |
| | 購買品供給高 | 農機購買（供給） | 入庫・受入入力 | | | | | |
| | | | 納品 | | | | | |
| | | | 供給入力 | | | | | |

206

# 11. 内部統制の有効性検証シート

『内部統制の有効性 検証シート』

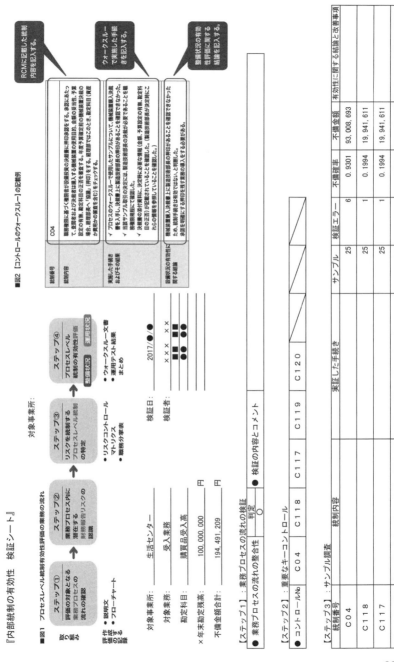

加島　徹（かしま　とおる）

㈱協同経済経営研究所　上席研究員
　※平成23年12月より
㈱日本ビジネスソリューション　主席研究員
博士（農業経済学）Ph.D.　筑波大学卒

〈略歴〉
昭和57年全国農協中央会入会。
平成13年ＪＡ全国監査機構　全国監査部次長
平成16年経営改善対策室次長
平成19年㈳ＪＡ総合研究所（現　ＪＣ総研）主席研究員

〈著書〉
「農協の総合的リスクマネジメント」（全国共同出版　2010年）ほか

〈ホームページ〉
http://www.ceam-ri.com

---

ＪＡ改革への現実的対応

2018年1月5日　第1版第1刷発行

著者　加　島　　徹
発行者　尾　中　隆　夫
発行所　全国共同出版株式会社
　〒160-0011　東京都新宿区若葉1-10-32
　電話 03(3359)4811　FAX 03(3358)6174

印刷所　新灯印刷株式会社

ⓒ2017　Toru Kashima　　　　　Printed in Japan

本書を無断で複写（コピー）することは、著作権法上
認められている場合を除き、禁じられています。